Ludwig Vanino

Die Haupttatsachen der organischen Chemie

bremen
university
press

Ludwig Vanino

Die Haupttatsachen der organischen Chemie

ISBN/EAN: 9783955621889

Auflage: 1

Erscheinungsjahr: 2013

Erscheinungsort: Bremen, Deutschland

*@ Bremen-university-press in Access Verlag GmbH, Fahrenheitstr. 1, 28359
Bremen. Alle Rechte beim Verlag und bei den jeweiligen Lizenzgebern.*

bremen
university
press

Die Haupttatsachen
der organischen Chemie

Von **Prof. Dr. L. Vanino**

Dritte umgearbeitete Auflage

Verlag der Jos. Kösel'schen Buchhandlung
Kempten und München
1914

Druck von J. Kösel, Kempten

Inhaltsverzeichnis.

Vorwort.

Von dem Jos. Kösel'schen Verlag wurde ich aufgefordert, mein kurzes Repetitorium der organischen Chemie, dessen zweite Auflage jetzt vergriffen ist, für die „Sammlung Kösel" zu bearbeiten. Dieser Aufforderung bin ich nachgekommen. Der neue Rahmen, in welchem das Büchlein dementsprechend erscheinen sollte, machte es notwendig, dasselbe einer durchgreifenden Neubearbeitung zu unterwerfen.

Der Verfasser.

Definition des Begriffes „organische Chemie".

Die organische Chemie umfaßte ursprünglich nur die Stoffe, die in der organisierten Natur — Pflanzen= und Tierwelt — vorkommen. Seitdem man aber erkannt hat, daß ein prinzipieller Unterschied zwischen den anorganischen und organischen Stoffen (Mineralstoffen und den Stoffen, aus welchen sich lebende Organismen aufbauen) nicht be= steht, hat man den Begriff der organischen Chemie erwei= tert, und versteht unter der „organischen Chemie" die Chemie aller Kohlenstoffverbindungen.

Die Abtrennung der Kohlenstoffchemie von der Chemie der sämtlichen anderen Elemente hat eine praktische Begrün= dung. Es ist nämlich die Verbindungsfähigkeit des Kohlen= stoffs so ungeheuer groß und mannigfach, daß die Zahl der zurzeit bekannten Kohlenstoffverbindungen mindestens ebenso groß ist als die Zahl aller bekannten anorganischen Verbindungen zusammengenommen. Inkonsequenterweise werden die Kohlensäure und die Karbonate (aus prak= tischen Gründen) der anorganischen Chemie zugerechnet.

Zusammensetzung der organischen Verbindungen.

Die in der Natur vorkommenden organischen Ver= bindungen bestehen in der Mehrzahl nur aus den Ele= menten Kohlenstoff, Wasserstoff und Sauerstoff. Viele enthalten außerdem noch Stickstoff, manche Schwefel, Phosphor oder Halogene, einzelne wenige noch andere Elemente. Synthetisch lassen sich alle verbindungsfähigen

Elemente in organische Verbindungen einführen. Manche Elemente verbinden sich sogar unter gewissen Bedingungen direkt mit dem elementaren Kohlenstoff.

Ermittelung der Zusammensetzung der organischen Verbindungen.

I. Qualitative Analyse.

Der Nachweis, daß eine Substanz überhaupt eine organische Verbindung ist, d. h. daß sie Kohlenstoff enthält, läßt sich gewöhnlich durch einfaches Erhitzen der Verbindung in einem Glasröhrchen oder auf einem Platinblech führen. Es tritt dabei meistens Verkohlung der Substanz und Schwarzfärbung (Zersetzung unter Kohlenabscheidung) ein. Ist diese einfachste Methode des Kohlenstoffnachweises nicht möglich, verflüchtigt sich z. B. die Substanz beim Erhitzen unzersetzt, wie z. B. die reinste Oxalsäure, so verbrennt man das Untersuchungsobjekt in besonderen Apparaten (siehe unter „quantitative Analyse", S. 4) vollständig und weist das dabei entstehende Kohlendioxyd dadurch nach, daß man die Verbrennungsgase durch Barytwasser leitet. Bildung von Baryumkarbonat beweist dann, daß das Untersuchungsobjekt Kohlenstoff enthält.

Die Gegenwart von Wasserstoff läßt sich an der Bildung von Wasser beim Verbrennen der Substanz erkennen.

Der sicherste Nachweis für Stickstoff in einer organischen Verbindung wird folgendermaßen ausgeführt (Methode von Lassaigne): Eine geringe Menge der Substanz wird mit einem kleinen Stückchen Kalium (oder Natrium) in einem trockenen Reagenzrohre bis zur Rotglut erhitzt und noch heiß in ein zirka 30 ccm destilliertes Wasser enthaltendes Becherglas getaucht, wobei das Reagenzrohr unter Entzündung des unverbrauchten Kaliums zerspringt (Vorsicht!). Die Lösung wird filtriert, mit einigen Tropfen Ferro- und Ferrisalzlösung versetzt, kurz erwärmt und dann mit verdünnter Salzsäure angesäuert. Bei Anwesenheit von Stickstoff erhält man einen blauen Niederschlag. Ist nur wenig Stickstoff im Untersuchungs= objekt enthalten, so entsteht kein Niederschlag, sondern nur eine blaugrüne Färbung, die nach einigem Stehen stärker hervortritt.

Dieser Probe liegt folgender chemischer Prozeß zugrunde: das Kaliummetall bildet zunächst mit dem Kohlenstoff und Stickstoff die Verbindung Cyankalium, KCN, die beim Zusatz von Ferrosalz in Ferrocyankalium, $Fe(CN)_6 K_4$, übergeht. Nach dem Ansäuren bildet letzteres mit dem vorhandenen Ferrisalz Berlinerblau.

Enthält die Substanz S c h w e f e l, P h o s p h o r oder A r s e n, so werden diese durch Erhitzen mit konzentrierter Salpetersäure oder durch Glühen mit Salpeter und Kaliumkarbonat zu Schwefelsäure bzw. Phosphor= oder Arsensäure oxydiert und als solche nachgewiesen.

Der Nachweis des S c h w e f e l s wird häufig auch in ähn= licher Weise wie der des Stickstoffs ausgeführt. Man erhitzt die Substanz mit Natrium, löst in destilliertem Wasser und fügt Nitroprussidnatriumlösung hinzu. Das Auftreten einer Violettfärbung zeigt die Anwesenheit von Schwefel an.

Die Gegenwart von H a l o g e n e n läßt sich durch die sog. Beilsteinsche Probe erkennen, die darin besteht, daß man eine geringe Menge der Substanz auf ein frisch aus= geglühtes und wieder erkaltetes Kupferdrahtnetz aufträgt und mit einer Bunsenflamme vorsichtig erhitzt. Färbt sich die Flamme (durch Bildung von Halogenkupfer) blaugrün, so kann man auf die Gegenwart eines Halogens schließen.

II. Quantitative Analyse.

Zur Erkennung oder Charakterisierung einer organischen Substanz genügt natürlich der qualitative Nachweis ihrer Bestandteile noch nicht. Es muß vielmehr in erster Linie noch ihre quantitative Zusammensetzung ermittelt werden.

Bevor man zur quantitativen Ermittlung schreitet,

muß man sich von der Reinheit der Substanz überzeugen. Dieses geschieht durch Ermittlung des konstanten Schmelz= oder Siedepunktes. Betreff Ausführung siehe „Gattermann, Praxis des organischen Chemikers".

Der Gehalt an Kohlenstoff, Wasserstoff und Stickstoff wird durch die sog. Elementaranalyse bestimmt. Man mischt eine genau abgewogene Menge der zu unter= suchenden Verbindung (ungefähr 0,3 g) mit einer oxy= dierenden Substanz (Kupferoxyd oder Bleichromat) und bringt sie in eine schwer schmelzbare Glasröhre, in welcher sie unter Durchleiten von Luft oder Sauerstoff bis zur Rotglut erhitzt wird. Der in der Verbindung enthaltene Kohlenstoff wird hiebei in Kohlendioxyd, der Wasserstoff in Wasser übergeführt. Diese beiden Verbrennungsprodukte werden in geeigneten Apparaten mittels Kalilauge und ausgeglühtem Chlorcalcium quantitativ aufgefangen und gewogen. Die Bestimmung des Stickstoffgehaltes geschieht in ähnlicher Weise. Doch wird dabei in einer stickstoff= freien Kohlendioxydatmosphäre verbrannt. Der in der Substanz gebunden enthaltene Stickstoff geht dabei über in elementaren Stickstoff, der in einer graduierten Röhre über Kalilauge aufgefangen und gemessen wird.

Aus den bei der Verbrennung erhaltenen Mengen Kohlendioxyd und Wasser läßt sich leicht der Prozentgehalt an Kohlenstoff und Wasserstoff für das Untersuchungsobjekt berechnen. Da aus jedem Atom vorhandenen Kohlenstoffs je ein Molekül Kohlendioxyd geworden ist, so gilt:

1. Mol.=Gewicht von Kohlendioxyd: Atomgewicht von Kohlenstoff = gefundene Menge Kohlendioxyd: vorhandene Menge Kohlenstoff

$$\text{also } 44 : 12 = n : x.$$

Aus der so berechneten Menge x des vorhandenen Kohlenstoffs ergibt sich der Prozentgehalt der Verbindung an diesem Element nach folgendem Ansatz:

2. Angewandte Substanz: gefundene Menge Kohlenstoff = 100 : y.

In ganz analoger Weise berechnet sich der Prozentgehalt einer Substanz an Wasserstoff nach folgenden Ansätzen:

1. Mol.-Gewicht von H_2O: Mol.-Gewicht von H_2 = gefundene Menge Wasser : vorhandene Menge Wasserstoff

$$18 : 2 = m : x.$$

2. Angewandte Substanz: gefundener Wasserstoff = 100 : y.

Für die direkte Bestimmung des Sauerstoffs organischer Verbindungen existiert keine Methode. Der Sauerstoff-Prozentgehalt läßt sich aber erhalten durch Subtraktion der Prozentzahlen aller anderen in der Verbindung vorhandenen Elemente von der Zahl 100.

Hat man die Prozentzahlen der in einer Verbindung enthaltenen Elemente bestimmt, so kommt man auf folgendem Wege zu einer Formel für diese Verbindung:

Gesetzt, man habe bei der Analyse einer Verbindung aus Kohlenstoff, Wasserstoff und Sauerstoff

40,0 % Kohlenstoff
6,6 „ Wasserstoff
53,4 „ Sauerstoff (aus der Differenz)

erhalten; jedes in der Substanz vorhandene Atom Kohlenstoff ist 12 mal, jedes in der Substanz vorhandene Atom Sauerstoff 16 mal schwerer als jedes Atom Wasserstoff. Man erhält deshalb das Zahlenverhältnis der die Verbindung bildenden Atome, wenn man die Prozentzahl des Kohlenstoffs mit 12, die des Sauerstoffs mit 16, oder allgemein, wenn man die Prozentzahlen mit den entsprechenden Atomgewichten dividiert. Bei obigem Beispiel erhielte man

für C $\frac{40}{12}$ = 3,33; für H $\frac{6,6}{1}$ = 6,6; für O $\frac{53,4}{16}$ = 3,34;

daraus ergibt sich folgendes: Auf je 3,3 vorhandene Atome Kohlenstoff treffen 6,6 Atome Wasserstoff und 3,3 Atome Sauerstoff. Somit enthält die Verbindung auf jedes vorhandene Atom Kohlenstoff 2 Atome Wasserstoff und 1 Atom Sauerstoff. Ihre Bruttoformel ist also

$$[CH_2O]n.$$

Man erhält also aus der Analyse die prozentische Zusammensetzung und daraus das Zahlenverhältnis der die Verbindung bildenden Elemente; man erhält aber nicht eine eindeutige Molekularformel für die Verbindung, d. h. durch die Analyse wird nicht entschieden, ob der Verbindung z. B. die Formel CH_2O oder $C_2H_4O_2$ zukommt. Um zu dieser zu gelangen, muß noch die Molekulargröße der Verbindung bestimmt werden, was je nach der Natur der Substanz nach einer der im folgenden Abschnitt beschriebenen Methoden geschehen kann.

III. Methoden der Molekulargewichtsbestimmung.

Im folgenden seien die Prinzipien, die zur Auffindung der Molekulargröße der Substanzen dienen, kurz auseinandergesetzt.

1. Methode der Dampfdichtebestimmung. Wenn das Untersuchungsobjekt ein Gas ist oder sich ohne Zersetzung vergasen läßt, so kann man sein Molekulargewicht dadurch ermitteln, daß man sein spezifisches Gewicht im Dampfzustande bestimmt. Nach dem wichtigen Gesetz von Avogadro gilt nämlich, daß gleiche Volumina verschiedener Gase bei gleichem Druck und gleicher Temperatur gleichviel Moleküle enthalten.

Daraus folgt, daß sich die Gewichte gleicher Volumina verschiedener Gase, die sich unter

gleichem Druck und gleicher Temperatur be=
finden, zu einander verhalten wie die Mole=
kulargewichte dieser Gase.

Das Molekulargewicht des Wasserstoffs ist gleich 2,
da das Atomgewicht dieses Elementes gleich 1 ist und
das Molekül Wasserstoff (Formel: H_2) sich aus 2 Atomen
zusammensetzt. Das Molekulargewicht eines anderen ver=
gasbaren Stoffes erhält man also auf Grund des oben=
gesagten, wenn man 1. eine gewogene Menge der Sub=
stanz in Dampfform überführt; 2. das Volumen abliest,
welches der Dampf einnimmt; 3. Temperatur und Druck
bei der Ablesung des Volumens bestimmt; 4. das Gewicht
der Substanz vergleicht mit demjenigen eines gleichen
Volumens Wasserstoff.

Beispiel. Wir nehmen an, daß n Gramm einer
Substanz, deren Molekulargewicht bestimmt werden soll, bei
der Temperatur t und dem Druck p, das Volumen v ein=
nehmen. Dasselbe Volumen, erfüllt mit Wasserstoff von
gleicher Temperatur t und gleichem Druck p besitze das
Gewicht m. Dann verhalten sich die Gewichtszahlen m
und n zueinander wie die Molekulargewichte der beiden
Gase. Es ist aber das Molekulargewicht des Wasserstoffs
gleich 2. Also gilt:

$$m : n = 2 : x,$$

worin die einzige Unbekannte der Gleichung (x) das Mole=
kulargewicht des Untersuchungsobjektes bedeutet.

Die gebräuchlichste Methode der Ermittlung des Mole=
kulargewichtes durch Bestimmung der Dampfdichte der Sub=
stanzen ist die von Viktor Meyer. Ihre Ausführung
besteht darin, daß man eine gewogene Menge einer Ver=
bindung in einem entsprechenden Apparat vergast und die
vom entstandenen Gas verdrängte Luft in einer Barometer=
röhre auffängt und mißt. Man habe z. B. 0,212 g
Benzol vergast und gefunden, daß der entstandene Benzol=

dampf eine Luftmenge verdrängt, welche bei 0° und unter 760 mm Druck das Volumen 60,1 ccm einnehmen würde. Wenn das Benzol ebenso wie die Luft bei 0° und 760 mm Druck gasförmig existieren könnte, so müßten also 0,212 g davon ebenfalls das Volumen 60,1 ccm besitzen.

Nun enthalten nach dem wichtigen Gesetz von Avogadro alle Gase unter gleichen Bedingungen (d. h. bei gleicher Temperatur und gleichem Druck) in gleichgroßen Räumen gleich viele Moleküle. Aus diesem Gesetz geht hervor, daß die Gewichte gleicher Volumen zweier Gase sich zueinander verhalten müssen wie die Molekulargewichte dieser Gase. Experimentell ist mit großer Genauigkeit festgestellt worden, daß 1 ccm Wasserstoffgas bei 0° und 760 mm Druck 0,0000898 g wiegt. Das in obigem Beispiel gemessene Volumen 60,1 ccm würde also, wenn Wasserstoff vorläge, das Gewicht 60,1 · 0,0000898 g = 0,00539698 g besitzen. Dem gleichen Volumen Benzol entspricht, wie wir gesehen haben, das Gewicht 0,212 g. Es gilt also die Proportion:

Gewicht des Wasserstoffs : Gewicht des Benzols = Mol.-Gewicht des Wasserstoffs : Mol.-Gewicht des Benzols.

$$0,00539698 : 0,212 = 2 : x.$$

(Das Mol.-Gewicht des Wasserstoffs ist gleich 2, da ein Molekül Wasserstoff aus 2 Atomen besteht.) Somit ergibt sich:

$$X = \frac{0,212}{0,00539698} = 78.$$

Das Molekulargewicht des Benzols würde in unserem Beispiel also zu 78 gefunden.

2. Methode der Gefrierpunktserniedrigung. (Kryoskopische Methode.) Wenn man in irgendeiner Flüssigkeit einen anderen Stoff auflöst, so sinkt stets der Gefrierpunkt (Erstarrungspunkt) der Flüssigkeit, und

zwar wird der Gefrierpunkt nicht regellos erniedrigt, son=
dern die Größe der Gefrierpunktserniedrigung bei ein und
demselben Lösungsmittel hängt, wie Raoult gefunden
hat, von der Anzahl der in der Volumeinheit gelösten
Moleküle ab. Die chemische Natur des gelösten Stoffes
spielt dabei keine Rolle.

Werden in 100 g eines Lösungsmittels a Moleküle
einer Substanz gelöst, so sinkt also der Gefrierpunkt um
einen gewissen Betrag, und es ist dabei völlig gleichgültig,
welche Substanz man gelöst hat. Es erzeugt also auch
1 Gramm=Molekül eines jeden Stoffes in ein und dem=
selben Lösungsmittel stets die gleiche Gefrierpunktsernied=
rigung, ohne daß dabei die Natur des gelösten Stoffes
einen Einfluß hat.

Die Anzahl Grade, um welche das Auflösen von
1 Gramm=Molekül eines jeden Stoffes in 100 g eines
Lösungsmittels den Gefrierpunkt erniedrigt, heißt „mole=
kulare Gefrierpunktserniedrigung." Sie kann ex=
perimentell ermittelt werden durch Gefrierpunktsversuche
mit Substanzen, deren Molekulargewicht man schon vor=
her nach der Dampfdichte=Methode ermittelt hat.

Die Kenntnis der molekularen Gefrierpunktserniedri=
gung eines Lösungsmittels läßt sich nun benützen zur
bequemen Bestimmung des Molekulargewichtes aller in
dem betreffenden Lösungsmittel löslichen Substanzen.

Es sei z. B. das Molekulargewicht des Benzaldehydes
in Eisessig zu ermitteln. Die molekulare Gefrierpunkts=
erniedrigung des Eisessigs beträgt 39, d. h. durch das
Auflösen von 1 Gramm=Molekül jedes fremden Stoffes
in 100 g Eisessig sinkt der Gefrierpunkt um 39^0. Man
löst eine gewogene Menge Benzaldehyd in 100 g Eisessig
und bestimmt die eintretende Gefrierpunktserniedrigung.
Dabei fände man z. B., daß 0,452 g Benzaldehyd in
100 g Eisessig eine Depression von $0,162^0$ hervorbringen.

Man weiß aber, daß 1 Gramm-Molekül Benzaldehyd die Depression 39° verursachen würde. Der Betrag (x) eines Gramm-Moleküls Benzaldehyds ergibt sich nun aus der einfachen Proportion:

$$0{,}162 : 39 = 0{,}452 \text{ g} : \text{xg}. \quad \text{Somit}$$

$$x = \frac{39 \cdot 0{,}452}{0{,}162} = 108 \text{ g (abgerundet).}$$

108 g ist also das ermittelte Gewicht eines Gramm-Moleküls Benzaldehyd, und demnach 108 das Molekulargewicht dieser Verbindung.

3. Methode der Siedepunktserhöhung. (Ebullioskopische Methode.) Eine ganz ähnliche Gesetzmäßigkeit wie für die Gefrierpunkte von Lösungen, besteht auch für die Siedepunkte derselben.

Flüssigkeiten, welche fremde Stoffe gelöst enthalten, sieden ganz allgemein höher als die reinen Lösungsmittel; und zwar sieden alle äquimolekularen Lösungen, welche im gleichen Volumen gleichviel Moleküle beliebiger Stoffe gelöst enthalten, gleich hoch.

Wie man bei der kryoskopischen Methode aus der Gefrierpunktserniedrigung, welche eine gewogene Menge einer Substanz unbekannter Molekulargröße in einer bestimmten Menge des Lösungsmittels hervorruft, auf das Molekulargewicht des Stoffes schließen kann, so kann man in ganz analoger Weise also auch aus der Siedepunktserhöhung das Molekulargewicht gelöster Stoffe berechnen.

Isomerie, empirische Formeln, Strukturformeln.

Hat man von einer Substanz eine quantitative Bestimmung ihrer Bestandteile ausgeführt und das Molekulargewicht bestimmt, so ist man imstande, für die Verbindung eine bestimmte chemische Formel aufzustellen. Eine solche Formel ist aber nicht in allen Fällen eindeutig,

sondern es kommt häufig der Fall vor, daß zwei Substanzen von durchaus verschiedenen chemischen und physika-
lischen Eigenschaften gleiche prozentische Zusammensetzung
und gleiches Molekulargewicht, somit die gleiche chemische
Formel besitzen. So kennt man z. B. zwei Verbindungen,
denen die Formel C_2H_6O zukommt; es ist das der gewöhnliche Alkohol (Äthylalkohol) und der sog. Dimethyläther.
Der Alkohol ist eine Flüssigkeit vom Kochpunkt 78°, der
Dimethyläther ein Gas. Zwei derartige Verbindungen
heißen isomere Verbindungen, und eine derartige Er-
scheinung wird Isomerie genannt. Der Grund der
Isomerien liegt in der verschiedenen Verkettung der Atome
im Molekül, die gerade bei den Kohlenstoffverbindungen
sehr verschiedenartig sein kann. Auf Grund mehrerer
Bildungsweisen und aller chemischen Eigenschaften steht
mit Sicherheit fest, daß im Äthylalkohol die beiden Kohlenstoffatome des Moleküls in direkter Bindung miteinander
stehen; daß ferner von den sechs Wasserstoffatomen drei
mit dem einen Kohlenstoffatom verbunden sind, zwei mit
dem anderen; schließlich daß das letzte Wasserstoffatom
am Sauerstoffatom hängt, das seinerseits wieder an das
zweite Kohlenstoffatom gebunden ist. Diese Atomverkettung, diese Struktur des Moleküls, gibt folgendes Formelbild wieder:

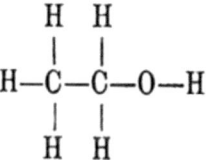

Im Methyläther ist die Atomverkettung eine ganz
andere. Das Sauerstoffatom im Molekül dieser Verbindung
ist nicht direkt mit Wasserstoff verbunden, sondern zwischen
die beiden Kohlenstoffatome eingeschoben, wie es das
folgende Formelbild zum Ausdruck bringt:

$$H \quad\quad H$$
$$| \quad\quad\quad |$$
$$H-C-O-C-H$$
$$| \quad\quad\quad |$$
$$H \quad\quad H$$

Derartige Formelbilder, welche nicht nur die Zusammensetzung einer Verbindung, sondern auch die Art der Atomverkettung, die Struktur des Moleküls, erkennen lassen, werden als Strukturformeln bezeichnet. Im Gegensatz hiezu heißen die Bruttoformeln, wie die Formel C_2H_6O, empirische Formeln.

Einteilung der organischen Chemie.

Die gewaltige Ausdehnung der organischen Chemie hat zu einer Teilung des ganzen Gebietes in zwei Hauptabschnitte geführt, wonach man unterscheidet. 1. Die Klasse der aliphatischen Verbindung, auch Fettreihe genannt; 2. die Klasse der aromatischen Verbindungen oder die Benzolreihe.

Als aliphatische[1]) Verbindungen oder Fettkörper werden alle Verbindungen bezeichnet, die sich vom Kohlenwasserstoff Methan CH_4 ableiten lassen. Der Name „Fettkörper" kommt davon, weil zu diesem Kapitel die Tier- und Pflanzenfette gehören.

Die Reihe der aromatischen Verbindungen umfaßt alle Körper, deren Struktur sich von derjenigen des Kohlenwasserstoffs Benzol C_6H_6 ableiten läßt. Der Name „aromatische Verbindung" stammt aus der Zeit der ersten Entwicklung der organischen Chemie. Man vereinigte damals verschiedene aromatisch riechende Naturprodukte willkürlich zu einer Klasse der aromatischen Verbindungen und hat den Namen in der veränderten, oben definierten Bedeutung in unsere Zeit übernommen.

---

1) Ἄλειφας = Fett.

Spezieller Teil.

Aliphatische Verbindungen (Fettkörper).

Gesättigte Kohlenwasserstoffe (Paraffine), $C_n H_{2n+2}$.

Der Kohlenstoff fungiert in fast allen seinen Verbindungen als vierwertiges Element. Man erhält deshalb die Formel der einfachsten Kohlenstoff=Wasserstoffverbindung (des einfachsten „Kohlenwasserstoffes"), wenn man die 4 Valenzen des Kohlenwasserstoffatoms mit ebensoviel Atomen Wasserstoff absättigt:

 . Dies ist die Formel des Methans.

Der einfachste Kohlenwasserstoff mit zwei Atomen im Molekül ist das Äthan von der Formel $H_3C \cdot CH_3$. Daran schließt sich als Verbindung mit 3 Kohlenstoffatomen das Propan, $H_3C \cdot CH_2 \cdot CH_3$, ferner mit 4 Kohlenstoffatomen das Butan, $H_3C \cdot CH_2 \cdot CH_2 \cdot CH_3$, mit 5 Kohlenstoffatomen das Pentan, $H_3C \cdot CH_2 \cdot CH_2 \cdot CH_2 \cdot CH_3$, mit 6 Kohlenstoffatomen das Hexan, $H_3C \cdot CH_2 \cdot CH_2 \cdot CH_2 \cdot CH_2 \cdot CH_3$ usw.

Vereinigen wir diese Formeln zu einer Reihe:

$$CH_4 \qquad\qquad\qquad\qquad = Methan\ CH_4$$
$$H_3C \cdot CH_3 \qquad\qquad\qquad = Äthan \quad C_2\ H_6$$
$$H_3C \cdot CH_2 \cdot CH_3 \qquad\qquad = Propan\ C_3\ H_8$$
$$H_3C \cdot CH_2 \cdot CH_2 \cdot CH_3 \qquad = Butan \quad C_4\ H_{10}$$
$$H_3C \cdot CH_2 \cdot CH_2 \cdot CH_2 \cdot CH_3 = Pentan\ C_5\ H_{12}$$
$$H_3C \cdot CH_2 \cdot CH_2 \cdot CH_2 \cdot CH_2 \cdot CH_3 = Hexan \quad C_6\ H_{14}\ usw.$$
$$H_3C\ \ldots\ldots\ CH_3 \qquad\qquad\qquad C_n\ H_{2n+2}$$

so sehen wir, daß je zwei aufeinander folgende Ver=
bindungen in ihren Formeln um CH_2 differieren. Solche
Verbindungen werden homologe Verbindungen genannt,
und eine Reihe wie sie oben zusammengestellt ist, heißt
homologe Reihe.

Die Glieder einer derartigen homologen Reihe zeigen
fast immer unter einander sehr ähnliche chemische Eigen=
schaften. Die Verwandtschaft in der chemischen Natur
kommt also schon durch die Ähnlichkeit der Formel zum
Ausdruck.

Die Anfangsglieder der Reihe der gesättigten Kohlen=
wasserstoffe sind bei gewöhnlicher Temperatur Gase, die
mittleren flüssig, die höheren fest. Die Verbindungen
kommen in großer Menge in der Natur vor und spielen
praktisch eine große Rolle.

Das Methan findet sich besonders in Steinkohlen=
lagern, bei deren Abbau es entweicht. Es wird deßhalb
auch Grubengas genannt. Mit Luft gemischt veranlaßt
es bei seiner Entzündung die schlagenden Wetter.

$$CH_4 + 4\ O = CO_2 + 2\ H_2O.$$

Die Gase, welche Sümpfen und stagnierenden Ge=
wässern entsteigen, enthalten viel Methan, weshalb letzteres
auch Sumpfgas genannt wird.

Die höheren Glieder der Reihe kommen in ungeheueren
Mengen als Erdöl vor. Die wichtigsten Erdölquellen
finden sich in Amerika, in Baku am Kaspischen Meer, in

Galizien und Rumänien, schwache Quellen besitzt auch Elsaß und Bayern. Das Erdöl bildet, wie es (gewöhnlich aus Bohrlöchern) der Erde entströmt, eine schmutzige sandige Flüssigkeit, die erst durch Destillation für seine verschiedenen Verwendungsarten brauchbar gemacht werden muß. Durch wiederholte fraktionierte Destillation wird das Rohpetroleum gewöhnlich in folgende, durch ihren Siedepunkt sich unterscheidenden Anteile getrennt:

1. Petroläther   (Siedepunkt   40—70°),
2. Petrolbenzin   („   70—120°),
3. Ligroin   („   120—135°),
4. Putzöl   („   130—160°),
5. Brennpetroleum   („   160—300°),
6. Vaselin   („   über 300°).

Je nach ihrer Bestimmung werden die einzelnen Fraktionen auch verschiedenen chemischen Reinigungsverfahren unterworfen. So wird das zur Beleuchtung dienende Petroleum zur Entfernung von Verunreinigungen basischer Natur mit Schwefelsäure, dann zur Entfernung saurer Bestandteile mit Natronlauge, zuletzt mit Wasser durchgeschüttelt.

Über die Bildungsweise des Erdöls ist sicheres nicht bekannt. Vermutlich ist es entstanden durch Zersetzung der Fette vorweltlicher tranreicher Seetiere. Möglicherweise hat es sich auch durch die Einwirkung von Wasser auf Metallkarbide vulkanischen Ursprungs gebildet.

Der Name „Paraffin" (von parum affinis = zu wenig verwandt) rührt davon her, daß die Verbindungen chemisch sich sehr indifferent zeigen, d. h. wenig Neigung besitzen, chemische Reaktionen einzugehen. Was man im gewöhnlichen Leben als Paraffin bezeichnet, ist entweder ein Produkt der trockenen Destillation von Braunkohlen (flüssiges Paraffin) oder des natürlich vorkommenden Erdwachses, das auch Ozokerit heißt (festes Paraffin).

In der Reihe der Paraffine existieren viele Isomerien. So kennt man zwei isomere Butane, die sich in folgender Weise in ihrer Struktur voneinander unterscheiden:

$$CH_3 \cdot CH_2 \cdot CH_2 \cdot CH_3 \quad \text{normales Butan}$$

$$\begin{matrix} CH_3 \\ CH_3 \end{matrix} > CH \cdot CH_3 \quad \text{Isobutan.}$$

Bei den höheren Kohlenwasserstoffen steigt die Anzahl der möglichen Isomerien mit der Anzahl der Kohlenstoffatome, die sie enthalten, sehr rasch. Je nach der Stellung eines Kohlenstoffatomes unterscheidet man dabei zwischen **primären, sekundären, tertiären und quaternären** Kohlenstoffatomen. Als primär bezeichnet man solche Kohlenstoffatome, die nur mit einem weiteren Kohlenstoffatom verbunden sind; sekundär heißen diejenigen, welche mit zwei, tertiär bzw. quaternär, welche mit drei bzw. vier anderen Kohlenstoffatomen in direkter Bindung stehen.

In den folgenden Formeln sind zur Erläuterung dieser Definition die betreffenden Kohlenstoffatome durch einen Stern hervorgehoben:

$$C^*H_3 \cdot CH_2 \cdot CH_2 \cdot CH_2 \cdot C^*H_3 \quad C^* = \text{primär}$$

$$CH_3 \cdot C^*H_2 \cdot C^*H_2 \cdot C^*H_2 \cdot CH_3 \quad C^* = \text{sekundär}$$

$$\begin{matrix} CH_3 \\ CH_3 \end{matrix} > C^*H \cdot CH_2 \cdot CH_3 \qquad C^* = \text{tertiär}$$

$$\begin{matrix} CH_3 \\ CH_3 \end{matrix} > C^* < \begin{matrix} CH_3 \\ CH_3 \end{matrix} \qquad C^* = \text{quaternär.}$$

Ungesättigte Kohlenwasserstoffe.

I. Olefine, $C_n H_{2n}$.

Die im vorigen Abschnitt besprochenen Kohlenwasserstoffe werden **gesättigte** Kohlenwasserstoffe genannt, weil in ihnen die vier Wertigkeiten des Kohlenstoffs normal, d. h. mit vier Atomen abgesättigt sind. Zahlreiche Verbindungen enthalten aber den Kohlenstoff in **mehrfacher** (doppelter oder dreifacher) **Bindung**. Man kennt drei

Kohlenwafferftoffe, welche im Molekül zwei Atome Kohlen=
ftoff enthalten:

$$\text{Äthan} \quad C_2H_6$$
$$\text{Äthylen} \quad C_2H_4$$
$$\text{Acetylen} \quad C_2H_2.$$

Da aus vielen Gründen feftfteht, daß im Äthylen
und Acetylen ebenfo wie im Äthan der Kohlenftoff vier=
wertig ift, muß man die Annahme machen, daß fich im
Molekül des Äthans die Kohlenftoffatome durch zwei, im
Molekül des Acetylens durch drei Valenzen fefthalten.

$$
\begin{array}{cc}
\text{H—C—H} & \text{C—H} \\
\| & \||| \\
\text{H—C—H} & \text{C—H} \\
\text{Äthylen} & \text{Acetylen}
\end{array}
$$

Da die Subftanzen mit mehrfachen Kohlenftoffbindungen
die Eigenfchaft befitzen, verfchiedene andere Stoffe, be=
fonders die Halogene, unter Bildung einer neuen Ver=
bindung mit einfacher Bindung glatt aufzunehmen, z. B.:

$$
\begin{array}{ccccc}
 & & & & Cl \\
 & & & & | \\
\text{H—C—H} & & Cl & & \text{H—C—H} \\
\| & + & & = & | \\
\text{H—C—H} & & Cl & & \text{H—C—H} \\
 & & & & | \\
 & & & & Cl \\
\text{Äthylen} & \text{Chlor,} & & & \text{Äthylenchlorid}
\end{array}
$$

fo werden fie insgefamt als u n g e f ä t t i g t e V e r=
b i n d u n g e n bezeichnet.

Alle Kohlenwafferftoffe mit e i n e r doppelten Bindung
heißen O l e f i n e. Sie befitzen nicht die große praktifche
Wichtigkeit wie die Paraffine. Wichtig ift das Äthylen,
C_2H_4, das im Leuchtgas enthalten ift und im Laborato=
rium durch Einwirkung von ü b e r f c h ü f f i g e r konzentrierter
Schwefelfäure auf Alkohol dargeftellt werden kann:

$$C{<}_H^H \overline{\begin{array}{c} OH \\ H \end{array}} = C{<}_H^H$$

$$\Bigg|\Bigg\rangle \qquad \qquad \| \qquad + H_2O$$

$$C{<}_H^H \qquad \qquad C{<}_H^H$$

(die konz. Schwefelsäure wirkt dabei wasserentziehend).

Der Name „Olefine" rührt davon, daß das Äthylen mit Chlor ein ölförmiges Produkt (Äthylenchlorid, $C_2H_4Cl_2$) bildet. Äthylen ist ein farbloses Gas.

II. Acetylene, $C_n H_{2n-2}$.

Das einfachste Glied dieser Reihe, die durch eine dreifache Bindung ausgezeichnet ist, ist das Acetylen. Nach ihm werden alle homologenen Kohlenwasserstoffe als „Acetylene" bezeichnet. Das Acetylen ist ebenfalls im Leuchtgas enthalten. Es wird gewonnen durch Einwirkung von Wasser auf Calciumkarbid:

$$\begin{array}{c} C \\ \| \\ C \end{array}\Big\rangle Ca + 2 H_2O = \begin{array}{c} CH \\ \| \\ CH \end{array} + Ca(OH)_2$$

Acetylen wird zu Beleuchtungszwecken benützt, da es mit sehr hell leuchtender Flamme brennt. Sein Gemisch mit Luft explodiert beim Entzünden sehr heftig. Die Metallderivate des Acetylens wie z. B. das Acetylensilber C_2Ag_2 und das Acetylenkupfer C_2Cu_2 sind ebenfalls explosiv. Die Homologen des Acetylens, das Allylen C_3H_4, das Crotonylen C_4H_6 ꝛc. haben keine praktische Bedeutung.

Alkohole.

Wird in einem Kohlenwasserstoff ein Atom Wasserstoff durch die Gruppe OH (Hydroxyl) ersetzt, so entsteht ein einwertiger Alkohol.

Beispiel einer Bildungsweise:

$$CH_3 \boxed{J + Ag}\, OH \qquad = CH_3\, OH + Ag\, J$$

Methyljodid Silberhydroxyd Methylalkohol Silberjodid

Den homologen Kohlenwasserstoffreihen entsprechen homologe Alkoholreihen:

CH_4 Methan; $CH_3\, OH$ Methylalkohol
$C_2 H_6$ Äthan; $C_2 H_5\, OH$ Äthylalkohol
$C_3 H_8$ Propan; $C_3 H_7\, OH$ Propylalkohol
$C_4 H_{10}$ Butan; $C_4 H_9\, OH$ Butylalkohol usw.

Wenn in einem Kohlenwasserstoff mehrere Wasserstoffatome durch Hydroxyle ersetzt sind, so spricht man von **mehrwertigen** Alkoholen, z. B.:

$$
\begin{array}{llll}
CH_3 & CH_2\, OH & CH_3 & CH_2\, OH \\
| & | & | & | \\
CH_3 & CH_2\, OH \;\;; & CH_2 & CHOH \\
\text{Äthan} & \text{Glycol} & | & | \\
 & \text{(2\,wertig)} & CH_3 & CH_2\, OH \\
 & & \text{Propan} & \text{Glyzerin} \\
 & & & \text{(3\,wertig)}
\end{array}
$$

Je nach der Stellung der Hydroxylgruppe an einem primären, sekundären oder tertiären Kohlenstoffatom (siehe S. 16) unterscheidet man **primäre, sekundäre und tertiäre** Alkohole:

$$
\begin{array}{lll}
CH_2\, OH & CH_3 & CH_3 \\
| & | & | \\
CH_2 & CH\,OH & HO{-}C{-}CH_3 \\
| & | & | \\
CH_2 & CH_2 & CH_3 \\
| & | & \\
CH_3 & CH_3 & \\
\text{primärer} & \text{sekundärer} & \text{tertiärer} \\
\text{Butylalkohol} & \text{Butylalkohol} & \text{Butylalkohol}
\end{array}
$$

Die primären Alkohole enthalten die einwertige Gruppe $-CH_2(OH)$, die sekundären die zweiwertige $=CH(OH)$, die tertiären die dreiwertige Gruppe $=C-OH$.

Unterscheiden lassen sich die primären, sekundären und tertiären Alkohole durch ihr Verhalten bei der Oxydation:

1. Die primären Alkohole gehen bei ihrer Oxydation in Aldehyde über (s. S. 28), dann in Säuren (s. S. 32):

$$-C\genfrac{}{}{0pt}{}{H_2}{OH} \rightarrow -C\genfrac{}{}{0pt}{}{-H}{=O} \rightarrow -C\genfrac{}{}{0pt}{}{-OH}{=O}$$

2. Die sekundären Alkohole bilden bei der Oxydation Ketone (s. S. 31):

$$>C\genfrac{}{}{0pt}{}{H}{OH} \rightarrow >C=O$$

3. Die tertiären Alkohole vermögen weder Aldehyde noch Ketone noch Säuren (mit gleich vielen Kohlenstoffatomen) zu bilden.

I. Einwertige Alkohole.

Methylalkohol, CH_3OH, Holzgeist. Bei der trockenen Destillation von Holz entstehen Gase, wässrige Flüssigkeiten und Teer. Die wässrige Flüssigkeit enthält neben Essigsäure, Aceton und anderen Verbindungen viel Methylalkohol. Nach der Bindung der Essigsäure durch Zusatz von Kalk wird der Methylalkohol durch fraktionierte Destillation von den übrigen Stoffen getrennt. Er gleicht im wesentlichen dem Äthylalkohol. Farblose, eigentümlich riechende Flüssigkeit.

Äthylalkohol, C_2H_5OH, Weingeist (Spiritus, auch kurzweg Alkohol genannt), wird dargestellt durch Vergären von gewissen Zuckerarten mit Hefepilzen. Die Stärke der Kartoffel oder des Getreides (s. S. 57) wird durch Diastase, d. i. ein in keimender Gerste (Malz) vorkommender Stoff, in Maltose übergeführt, und die so erhaltene „Maische" mit Hefe versetzt und vergoren.

Die Zuckerarten zerfallen dabei in Alkohol und Kohlen=
dioxyd, z. B.:

$$C_6 H_{12} O_6 = 2 C_2 H_5 OH + 2 CO_2$$

Traubenzucker   Alkohol   Kohlendioxyd

Die Trennung des Alkohols von den übrigen Stoffen
geschieht durch sog. Kolonnenapparate, Destilliervorrich=
tungen, welche eine sehr rationelle Trennung ermöglichen.
Die letzten Anteile Wasser werden, wenn wasserfreier sog.
absoluter Alkohol hergestellt werden soll, mittels ungelösch=
tem Kalk und darauf folgende erneute Destillation entfernt.

Äthylalkohol ist eine farblose, mit Wasser mischbare
charakteristisch riechende Flüssigkeit vom Siedepunkt 78°
und Gefrierpunkt —112°. Da er, soweit er als Getränk
verbraucht wird, steuerpflichtig, soweit er in der Technik
verwendet wird, aber steuerfrei ist, so wird der nicht zum
Genuß bestimmte Alkohol denaturiert (vergällt), d. h. durch
übelriechende und ungenießbare Zusätze untrinkbar gemacht.
Zum Denaturieren benützt man unter anderem rohen Holzgeist.

Der Alkoholgehalt der alkoholischen Getränke
ist sehr verschieden. Das Bier enthält 2,4 % bis 4,5 %,
die Weine etwa 9 %, die süßen Weine, wie Malaga,
Tokajer, bis 16,8 %. Der Trinkbranntwein ist verdünnter
Alkohol und besteht aus etwa 1 Teil Alkohol und 2 Teilen
Wasser. Der Kognak wird durch Destillation von Wein
gewonnen, der Arrak wird aus Reis, Rum aus Zucker=
rohrmelasse bereitet.

Amylalkohol, $C_5 H_{11} OH$. Bei der alkoholischen
Gärung bilden sich in geringer Menge zwei isomere Amyl=
alkohole, deren Gemisch Gärungsamylalkohol genannt wird.
Sie sind optisch aktiv (s. darüber S. 23), gute Lösungs=
mittel für viele Substanzen.

Höhere Alkohole. Von einiger Bedeutung sind
nur der Cetylalkohol, $C_{16} H_{31} OH$, ein Hauptbestand=

teil des Walrats, und der Myricylalkohol, $C_{30}H_{61}OH$, ein Bestandteil des Bienenwachses. Bienenwachs ist kein einheitlicher Stoff.

II. Mehrwertige Alkohole.

Die zweiwertigen Alkohole heißen nach ihrem einfachsten Repräsentanten, dem Glycol $C_2H_4(OH)_2$,

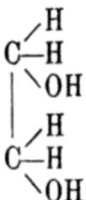

insgesamt „Glycole". Sie besitzen praktisch wenig Bedeutung.

Von den dreiwertigen Alkoholen ist der weitaus wichtigste das Glyzerin $C_3H_5(OH)_3$,

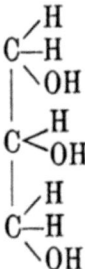

das ein Bestandteil der tierischen und pflanzlichen Fette ist. Es stellt eine farblose, ölige, süßschmeckende Flüssigkeit dar. Es wird in der Arzneikunde und besonders zur Fabrikation von Nitroglyzerin viel verwendet. Da ein Gemisch aus Wasser und Glyzerin im Winter, also bei tiefer Temperatur nicht gefriert, gebraucht man ein solches Gemenge zum Füllen der Gasmesser.

Der wichtigste vierwertige Alkohol ist der Erythrit $C_4 H_6 (OH)_4$. Fünfwertige Alkohole sind der Arabit und der Xylit, $C_5 H_7 (OH)_5$, sechswertige Alkohole der Mannit, Sorbit und Dulcit. Mannit wird aus der Manna gewonnen, Sorbit ist ein Bestandteil des Vogel= beerensaftes.

Optische Aktivität organischer Verbindungen.

Manche Verbindungen besitzen die Eigentümlichkeit, daß sie die Schwingungsebene des polarisierten Lichtes, welches man durch sie oder ihre Lösungen fallen läßt, um einen gewissen Betrag drehen. Derartige Verbindungen werden optisch aktiv genannt. Wie van t'Hoff zuerst gezeigt hat, enthalten die optisch aktiven Stoffe im Molekül mindestens ein Atom Kohlenstoff, welches dadurch ausge= zeichnet ist, daß alle vier mit ihm verbundenen Atome oder Atomgruppen untereinander verschieden sind. Von den beiden früher genannten Gärungsamylalkoholen z. B. besitzt der eine die Konstitution:

$$H_3 C - CH_2 - C^*H \!<\! {CH_3 \atop CH_2\,OH};$$

er dreht die Polarisationsebene.

Wie aus den Formeln ersichtlich, besitzt er ein Kohlen= stoffatom, das vier verschiedene Atome bzw. Gruppen gebunden enthält. Ein solches Kohlenstoffatom wird als „asymmetrisches Kohlenstoffatom" bezeichnet.

Von allen optisch aktiven Verbindungen existieren drei Modifikationen:

1. eine solche, welche die Polarisationsebene um einen bestimmten Grad nach rechts dreht,

2. eine solche, welche um den gleichen Betrag nach links dreht,

3. eine solche, welche kein Drehungsvermögen besitzt.

Die Existenz solcher drei Modifikationen wird auf Grund räumlicher Vorstellungen über die Lagerung der Moleküle im Raum verständlich. Es ist naheliegend anzunehmen, daß die vier Valenzen eines Kohlenstoffatoms entweder in einer Ebene oder im Raum symmetrisch verteilt sind. Wäre ersteres der Fall, so müßte eine Verbindung vom Typus CH_2X_2 in zwei verschiedenen Modifikationen existieren, nämlich

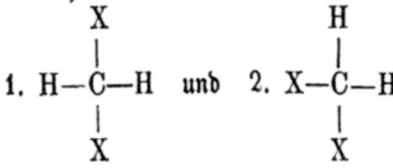

Da man nie eine derartige Isomerie beobachtet hat, ist anzunehmen, daß die vier Valenzen des Kohlenstoffs nicht in einer Ebene, sondern im Raum gleichmäßig um das Kohlenstoffatom verteilt sind. Unter dieser Voraussetzung erscheint das Kohlenstoffatom als der Mittelpunkt eines regulären Tetraeders, an dessen Ecken die vier gebundenen Atome oder Atomgruppen sitzen; die Valenzen des Kohlenstoffs sind vom Mittelpunkt ausgehend nach den 4 Ecken gerichtet. Für das Methan, CH_4, kommen wir also zu folgendem Strukturbild:

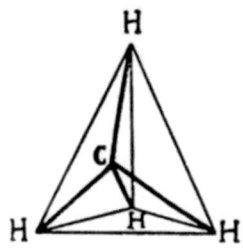

Konstruiert man in gleicher Weise das Strukturbild eines Moleküls mit asymmetrischem Kohlenstoffatom, so ergibt sich, daß stets zwei verschiedene Anordnungen

der mit dem asymmetrischen Kohlenstoff verbundenen vier
Atome oder Gruppen möglich sind.

Es entsprechen z. B. der Verbindung:

$$H_3C \cdot CH_2 - C^*H \begin{array}{l} CH_3 \\ \\ CH_2OH \end{array} \quad \text{(s. oben)}$$

folgende zwei Bilder:

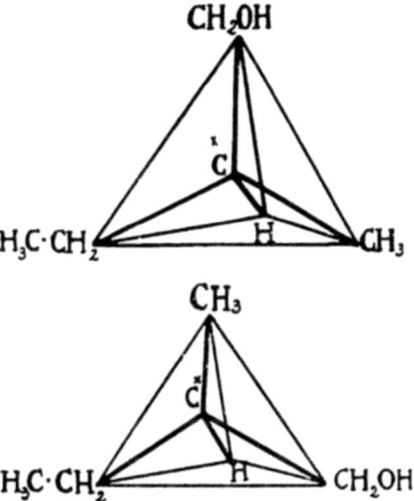

Beide Konfigurationen sind unter sich zwar sehr ähnlich,
jedoch nicht miteinander identisch. Beide Bilder verhalten
sich nämlich zueinander wie der rechte Handschuh zum linken,
sie sind Spiegelbilder voneinander.

Die Tatsache, daß nach obigem für jede Verbindung
mit einem asymmetrischen Kohlenstoffatom zwei verschiedene
räumliche Konfigurationen möglich sind, erklärt nun sehr
einfach, weshalb von solchen Verbindungen die eine Modi=
fikation stets ebensoviel nach rechts „dreht" als die andere
nach links. Offenbar verursacht die Anordnung der vier
Gruppen um das asymmetrische Atom die Drehung der

Polarisationsebene. Die entgegengesetzte Anordnung bewirkt also auch die entgegengesetzte Drehung.

Die dritte, optisch inaktive, d. h. nicht drehende Modifikation von Verbindungen mit einem asymmetrischen Kohlenstoffatom ist stets ein Gemisch von Verbindungen von gleichen Mengen rechts= und linksdrehender Substanz.

Interessant ist, daß synthetisch dargestellte Substanzen mit einem asymmetrischen Kohlenstoffatom zunächst stets optisch inaktiv sind, da sich immer gleichviel der rechts= und der linksdrehenden Modifikation bildet; doch kennt man verschiedene Methoden, sie in ihre optischen Isomeren zu trennen. Die im Pflanzenreich und in der Tierwelt aufgebauten Stoffe mit asymmetrischem Kohlenstoffatom sind dagegen gewöhnlich optisch aktiv. Aus unbekannten Gründen begünstigt also die Natur meistens eine der beiden isomeren Modifikationen.

Alkoholate.

Obwohl die Alkohole keine eigentliche Säurenatur besitzen, da sie in wässrigen Lösungen keine Wasserstoffjonen bilden, läßt sich ihr Hydroxylwasserstoff in der Regel doch durch Alkalimetalle substituieren. So löst sich Natriummetall in Äthylalkohol oder Methylalkohol auf unter Wasserstoffentwicklung und Bildung der beiden Verbindungen $C_2 H_5 ONa$ (Natriumäthylat) und $CH_3 ONa$ (Natriummethylat), die im überschüssigen Alkohol löslich sind, in trockenem Zustand weiße Pulver bilden und zur Synthese vieler Verbindungen verwendet werden. Von Wasser werden die Alkoholate zerlegt in Alkohol und Alkalihydroxyd.

$$CH_3 ONa + H_2O = CH_3 OH + Na OH$$

Äther.

Äther sind Anhydride von Alkoholen, dadurch entstanden, daß zwischen zwei Molekülen Alkohol ein Molekül Wasser abgespalten ist, z. B.:

$$\begin{matrix} C_2H_5\,OH \\ C_2H_5\,OH \end{matrix} = \begin{matrix} C_2H_5 \\ C_2H_5 \end{matrix} > O + H_2O$$

Äthylalkohol   Äthyläther

Findet die Abspaltung zwischen Molekülen des gleichen Alkohols statt, so spricht man von einfachen Äthern, andernfalls von gemischten.

$$\begin{matrix} C_2H_5\,OH \\ CH_3\,OH \end{matrix} = \begin{matrix} C_2H_5 \\ CH_3 \end{matrix} > O + H_2O$$

Äthylmethyläther (gemischt. Äther)

Die Darstellung der Äther geschieht durch Einwirkung wasserentziehender Mittel (konz. Schwefelsäure, wasserfreies Zinkchlorid) auf die Alkohole.

Der wichtigste Äther ist der Äthyläther, kurzweg Äther, auch „Schwefeläther" genannt. Er wird dargestellt durch Erhitzen von hochprozentigem Alkohol mit dem doppelten Gewicht konz. Schwefelsäure auf $130-140^0$, wobei Äther und Wasser überdestillieren. Durch Nach=fließenlassen von Alkohol wird der Prozeß fortgesetzt, bis die Schwefelsäure infolge der Wasserbildung verdünnt wird. Der Rektionsverlauf ist folgender:

1. $C_2H_5\,OH + HOSO_3H = C_2H_5OSO_3H + H_2O$
   Alkohol   Schwefelsäure   Äthylschw.=Säure   Wasser

2. $C_2H_5OSO_3H + HOC_2H_5 = C_2H_5\,OC_2H_5$
   Äthylschwefelsäure   Alkohol   Äthyläther
   $+ H_2SO_4$
   Schwefelsäure

Die meisten Äther sind flüssige, leicht entzündliche, flüchtige Verbindungen. Der Äthyläther siedet bei 35^0. Er wird in der Medizin verwendet. Im Laboratorium ist er ein wichtiges Lösungsmittel. Der Methyläther ist bei gewöhnlicher Temperatur gasförmig. Er siedet bei 20^0. Eine Mischung von Äther mit Alkohol, im Verhältnis 1:3, nennt man Hoffmannstropfen.

Aldehyde.

Die Aldehyde sind die ersten Oxydationsprodukte der primären Alkohole. (Aldehyd = Alkohol dehydrogenatus, d. h. Alkohol, welchem Wasserstoff entzogen ist). Sie sind charakterisiert durch die Aldehydgruppe:

$$- C \genfrac{}{}{0pt}{}{= O}{- H}$$

Gewöhnlich werden sie dargestellt durch Erhitzen von fettsauren Salzen mit ameisensaurem Natrium, wobei letzteres reduzierend wirkt:

$$\begin{array}{l} CH_3 \cdot CO\,O\,Na \\ \quad + HCOO\,Na \end{array} = CH_3\,C \genfrac{}{}{0pt}{}{= O}{\searrow H} + Na_2\,CO_3$$

Essigsaures Natrium   Acetaldehyd   Natriumkarbonat
Ameisensaures Natrium

Die Aldehyde sind äußerst reaktionsfähige Verbindungen. Besonders bemerkenswert ist ihr Additionsvermögen. Sie können unter anderem folgende Verbindungen anlagern.

1. Natriumbisulfit, z. B.

$$CH_3 \cdot C \genfrac{}{}{0pt}{}{= O}{- H} + Na\,HSO_3 = CH_3\,C \genfrac{}{}{0pt}{}{\genfrac{}{}{0pt}{}{- OH}{- H}}{- SO_3\,Na}$$

Acetaldehyd   Natriumbisulfit   Bisulfitverbindung
des Acetaldehydes

Diese Natriumbisulfit-Verbindungen sind wichtig zur Reindarstellung der Aldehyde. Sie kristallisieren gut, lassen sich also leicht ganz rein erhalten; mit verdünnten Säuren oder Soda wird aus ihnen der Aldehyd wieder freigemacht.

2. Cyanwasserstoff. Dabei entstehen Oxynitrile, z. B.:

$$CH_3 \cdot C \genfrac{}{}{0pt}{}{= O}{- H} + HCN = CH_3 \cdot C \genfrac{}{}{0pt}{}{\genfrac{}{}{0pt}{}{- OH}{- CN}}{- H}$$

Acetaldehyd   Blausäure   Nitril der Oxypropionsäure

3. **Ammoniak.** Die entstehenden Verbindungen heißen Aldehydammoniake.

$$CH_3 \cdot C {=H \atop -O} + NH_3 = CH_3 \cdot C {-OH \atop -NH_2} \atop -H$$

Außerdem sind die Aldehyde durch folgende Eigenschaft ausgezeichnet: Sie geben mit **Alkoholen** unter Wasseraustritt „**Acetale**":

$$CH_3 \cdot C{<}{O \atop H} + {HOC_2H_5 \atop HOC_2H_5} = CH_3 - C{<}{OC_2H_5 \atop OC_2H_5} + H_2O$$

Acetaldehyd   Alkohol   H Acetal Wasser

Mit **Phenylhydrazin** entstehen **Phenylhydrazone**:

$$CH_3 \cdot C {=O \atop -H} + H_2N \cdot NHC_6H_5$$

Acetaldehyd   Phenylhydrazin

$$= CH_3 \cdot C = N \cdot NHC_6H_5 + H_2O$$
$$ H$$

Phenylhydrazon des Acetaldehyds   Wasser

Hydroxylamin liefert **Oxime**:

$$R \cdot C {<}{O \atop H} + H_2NOH = R \cdot C {<}{NOH \atop H} + H_2O$$

Aldehyd   Hydroxylamin   Oxim   Wasser

Die Aldehyde haben auch die Eigenschaft, ammoniakalische Silberlösung und Fehlingsche Lösung unter Abscheidung von metallischem Silber bzw. von Kupferoxydul zu reduzieren.

Ferner haben die Aldehyde die merkwürdige Fähigkeit, sich mit sich selbst zu verbinden, sich zu „**polymerisieren**". Wenn z. B. Acetaldehyd, CH_3CHO, eine Flüssigkeit vom Siedepunkt 22°, mit einem Tropfen konzentrierter Schwefelsäure versetzt wird, so tritt eine lebhafte Reaktion ein, und es bildet sich eine neue, bei 124° siedende flüssige Verbindung von der prozentischen Zusammensetzung des Acetaldehyds, aber dem dreifachen Molekulargewicht. Es vereinigen sich also unter dem Einfluß einer Spur konz. Schwefelsäure je drei Moleküle, und zwar in folgender Weise:

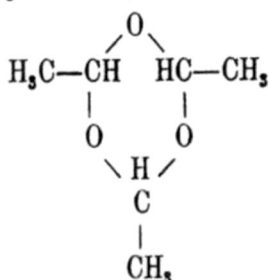

Der Vorgang heißt „Polymerisation". Die entstandene Verbindung, der sog. Paraldehyd, ist ein Polymeres des Acetalhydes und findet als Schlafmittel Anwendung.

Durch Destillation mit verdünnter Schwefelsäure geht sie wieder in Acetaldehyd über.

Die wichtigsten aliphatischen Aldehyde sind der Formaldehyd, $H \cdot C \big\langle {O \atop H}$ und der Acetaldehyd, $CH_3 \cdot C \big\langle {O \atop H}$.

Formaldehyd, CH_2O, wird technisch dargestellt durch Oxydation von Methylalkohol mittels Kupferoxyd, indem über erhitzte Kupferspiralen gleichzeitig Luft und Dämpfe von Methylalkohol geleitet werden. Das Kupfer dient hier als Sauerstoffübertrager.

$$CH_3 \cdot OH + O = H \cdot C \big\langle {O \atop H} + H_2O.$$

Er ist bei gewöhnlicher Temperatur ein eigenartig riechendes Gas, das in Wasser reichlich (bis zu 45%)

löslich ist. Die wässerige Lösung führt den Namen Formalin oder Formol. Formalith ist mit Formaldehydlösung imprägnierte Kieselgur. Der Formaldehyd polymerisiert sich sehr leicht zur trimolekularen Verbindung, $C_3H_6O_3$, dem sog. Trioxymethylen oder „Paraform".

Autan ist Paraform mit etwas Baryumsuperoxyd gemischt. Übergießt man eine solche Mischung mit Wasser, so entwickelt sich gasförmiges Formaldehyd.

Formaldehyd ist ein wichtiges Desinfektionsmittel; er wird auch (an Stelle von Alkohol) zur Konservierung anatomischer Präparate benützt.

Mit Ammoniak bildet der Formaldehyd Hexamethylentetramin $N_4(CH_2)_6$ (Urotropin, Aminoform).

Acetaldehyd, CH_3CHO, wird durch Oxydation von Äthylalkohol mittels Chromsäure erhalten. Er bildet eine eigenartig riechende Flüssigkeit; über seine Neigung zur Polymerisation unter Bildung von Paraldehyd s. S. 30.

Substituiert man im Molekül des Acetaldehydes die Wasserstoffatome der Methylgruppe durch Chlor, so gelangt man zum Trichloraldehyd oder Chloral (Cl_3CHO). Es wird in der Technik durch Einwirkung von Chlor auf Äthylalkohol dargestellt; farblose ölige Flüssigkeit, die mit Wasser erstarrt, indem sich Chloralhydrat (Schlafmittel) bildet.

Ketone.

Die Ketone sind in vielem den Aldehyden verwandt. Sie entstehen durch Oxydation von sekundären Alkoholen, z. B.

$$CH_3-CH(OH)-CH_3 \quad \rightarrow \quad CH_3-\overset{\overset{O}{\|}}{C}-CH_3$$

Sekundärer Propylalkohol   Dimethylketon (Aceton)

Ketone lassen sich ferner erhalten durch trockenes Erhitzen der Kalksalze von Fettsäuren, z. B.

$$\begin{matrix} CH_3 \cdot COO \\ CH_3 \cdot COO \end{matrix} > Ca = \begin{matrix} CH_3 \\ CH_3 \end{matrix} > C = O + Ca\,CO_3$$

Essigsaurer Kalk, Dimethylketon, Kohlensaurer Kalk.

Charakteristisch für die Ketone ist die Gruppe $>C=O$, die sogenannte „Karbonylgruppe", verbunden mit zwei Kohlenwasserstoffresten.

Von den im vorigen Kapitel genannten Eigenschaften der Aldehyde kommen die meisten auch den Ketonen zu (Fähigkeit Bisulfit, Blausäure zu addieren; mit Phenylhydrazin Phenylhydrazone, mit Hydroxylamin Oxime zu bilden). Dagegen fehlt ihnen die Neigung zur Polymerisation und die Fähigkeit, zu reduzieren.

Das wichtigste Keton ist das Dimethylketon, $CH_3 \cdot CO \cdot CH_3$, das den Namen Aceton führt. Es wird technisch gewonnen bei der trockenen Destillation von Holz, und bildet eine farblose, charakteristisch riechende Flüssigkeit vom Siedepunkt 56°, die als vortreffliches Lösungsmittel für zahlreiche organische Substanzen viel verwendet wird.

Säuren.

Ganz allgemein bezeichnet man als Säuren „Verbindungen, die in wässeriger Lösung Wasserstoffionen liefern" (oder „Verbindungen, welche durch Metall ersetzbaren Wasserstoff enthalten").

Die organischen Säuren sind durch die Gruppe $-C\big<^O_{OH}$, die sogenannte Karboxylgruppe, charakterisiert.

I. Fettsäuren.

Als Fettsäuren bezeichnet man diejenigen Verbindungen, in denen die Karboxylgruppe $\left(C\begin{matrix} =O \\ -OH \end{matrix} \right)$ mit einem aliphatischen Kohlenwasserstoffrest verbunden ist. Der Name „Fettsäuren" rührt davon her, daß die Fette Verbindungen einiger solcher Säuren mit Glyzerin sind.

Die wichtigsten Glieder der Fettsäurereihe sind:

Ameisensäure $CH_2 O_2$, $H \cdot C \genfrac{}{}{0pt}{}{= O}{- OH}$

Essigsäure $C_2 H_4 O_2$, $CH_3 \cdot C \genfrac{}{}{0pt}{}{= O}{- OH}$

Propionsäure $C_3 H_6 O_2$, $C_2 H_5 \cdot C \genfrac{}{}{0pt}{}{= O}{- OH}$

Buttersäure $C_4 H_8 O_2$, $C_3 H_7 \cdot C \genfrac{}{}{0pt}{}{= O}{- OH}$

Palmitinsäure $C_{16} H_{32} O_2$,
Margarinsäure $C_{17} H_{34} O_2$,
Stearinsäure $C_{18} H_{36} O_2$.

Die niederen Fettsäuren (bis zu C_{10}) sind bei gewöhnlicher Temperatur flüssig, die höheren fest.

Ameisensäure. Die Ameisensäure findet sich in den Ameisen und Brennesseln. Zur Darstellung erhitzt man Oxalsäure bei Gegenwart von Glyzerin, wobei die Oxalsäure in Ameisensäure und Kohlensäure zerfällt. Farblose Flüssigkeit von stechendem Geruch. Die Salze der Ameisensäure heißen Formiate und sind alle im Wasser löslich. Die Säure wirkt stark reduzierend.

Essigsäure. Die Essigsäure wird nach zwei Methoden gewonnen:

1. Durch trockene Destillation von Holz. Die dabei entstehende wässerige Flüssigkeit enthält viel Essigsäure. Zu deren Gewinnung wird mit Kalk neutralisiert, zur Trockene eingedampft, die Essigsäure aus dem entstandenen essigsauren Kalk mit Salzsäure freigemacht und abbestilliert.

2. Durch sogenannte Schnellessigfabrikation. Man läßt verdünnte alkoholische Flüssigkeiten (Wein, Bier usw.) mit Hilfe eines Pilzes durch den Luftsauerstoff oxydieren. Es geschieht das in durchlochten Fässern, die

mit Buchenholzspänen gefüllt sind. Die alkoholischen Flüssig=
keiten tropfen durch einen durchlochten Deckel von oben in
das Faß und fließen allmählich über die Holzspäne, auf
welchen sich Kulturen des Essigsäurepilzes befinden, hinab
zu einem Siebboden. Während des Prozesses strömt ständig
frische Luft von unten nach oben durch das Faß.

Reine, wasserfreie Essigsäure schmilzt bei 16,6°. Ihre
Kristalle gleichen Eiskristallen, weshalb die unverdünnte
Säure „Eisessig" genannt wird. Die Salze der
Essigsäure heißen „Acetate". Wichtig ist das Aluminium=
acetat. Es ist nur in Lösung bekannt und wird in der
Medizin und in der Färberei verwandt, weil die Basis
des Aluminiumacetats mit organischen Farbstoffen saurer
Natur Verbindungen gibt, die sich in der Faser fest
niederschlagen. Wichtig sind ferner das neutrale Bleiacetat
(Bleizucker) und das basische Bleiacetat, welches in dem
medizinisch verwendeten Bleiessig enthalten ist. Der Blei=
essig findet unter anderem Verwendung zur Herstellung
von Bleiwasser (Aqua Plumbi oder Goulardi), welches
aus destilliertem Wasser und Bleiessig besteht.

Höhere Fettsäuren. Stearinkerzen. Seifen.

Die pflanzlichen und tierischen Fette bestehen hauptsäch=
lich aus Glyzerinestern zweier Fettsäuren, der Palmitin=
säure, $C_{16} H_{32} O_2$, und der Stearinsäure, $C_{18} H_{36} O_2$.
Solche „Säureester" sind Verbindungen, die aus Säuren
und Alkoholen unter Austritt von Wasser entstehen:

$$R \cdot C \overset{=O}{-} O \boxed{H + HO} C \overset{H}{\underset{H}{-}} R = R \cdot C \overset{=O}{-} O - CH_2 \cdot R + H_2O$$

Säure   Alkohol   Säureester   Wasser

Glyzerin ist ein dreiwertiger Alkohol. Es tritt des=
halb mit drei Molekülen Säure in Reaktion, z. B.

$$H_2 \cdot C - OH + HO \cdot CO \cdot C_{15} H_{31}$$

$$H \cdot C - OH + HO \cdot CO \cdot C_{15} H_{31}$$

$$H_2 \cdot C - OH + HO \cdot CO \cdot C_{15} H_{31}$$

Glyzerin   Palmitinsäure

$$H_2 C - O - CO \cdot C_{15} H_{31}$$

$$H \; C - O - CO \cdot C_{15} H_{31} + 3 \, H_2 O$$

$$H_2 C - O - CO \cdot C_{15} H_{31}$$

Palmitinsäure—Glyzerinester (Fett) Wasser

Außerdem enthalten die Fette den Glyzerinester der Ölsäure ($C_{18} H_{34} O_2$), die den Fettsäuren nahe verwandt ist, aber eine doppelte Bindung enthält. (Die Ölsäure leitet sich also nicht von einem Kohlenwasserstoff der Paraffinreihe, sondern von einem Olefin ab.) Aus den Fetten werden die Fettsäuren dadurch erhalten, daß man erstere auf chemischem Wege in die Säure und Glyzerin spaltet, ein Prozeß, welcher Verseifung genannt wird. Er bildet die einfache Umkehrung des Vorganges der Esterbildung. Die Fette werden zum Zweck ihrer Verseifung entweder mit gelöschtem Kalk erhitzt, oder mit konzentrierter Schwefelsäure behandelt. Im ersteren Falle entstehen neben Glyzerin nicht die freien Fettsäuren, sondern deren Calciumsalze, aus denen durch Zusatz von verdünnter Schwefelsäure die freien Säuren leicht gewonnen werden können. Palmitinsäure und Stearinsäure sind fest, während die Ölsäure eine Flüssigkeit ist und deshalb durch einfaches Abpressen von ersteren getrennt werden kann. Das hinterbleibende Gemisch der beiden erstgenannten Säuren, eine feste weiße Masse, wird zur Herstellung von Stearinkerzen verwendet. Um ihm eine bildsame, wachsartige Konsistenz zu geben, wird es mit etwas Wachs zusammengeschmolzen.

Als Seifen bezeichnet man die Alkalisalze der höheren Fettsäuren (Palmitin-, Stearin- bez. Ölsäure). Zur Darstellung von Seifen werden die Fette mit Natron- oder Kalilauge gekocht, wobei die Fettsäureester unter Bildung von Glyzerin und den entsprechenden Alkalisalzen der Fettsäuren gespalten („verseift") werden. Die Kalisalze der Fettsäuren (Kaliseifen) sind von weicher Konsistenz (Schmierseife), die Natronsalze fest (Kernseife). Die Toiletteseifen werden noch mit Riechstoffen vermengt und gefärbt. Als Riechstoffe verwendet man ätherische Öle und künstliche, aus Steinkohlenteer gewonnene, wie z. B. Nitrobenzol.

Die Bleisalze der höheren Fettsäuren bilden die sogenannten Bleipflaster.

II. Mehrbasische Säuren.

Säuren, welche mehrere Karboxylgruppen im Molekül enthalten, heißen mehrbasisch. Je nach der Anzahl der vorhandenen Säuregruppen spricht man von zweibasischen, dreibasischen usw. Säuren. Die wichtigsten Vertreter der Reihe der zweibasischen Säuren sind die Oxalsäure, die Malonsäure, die Bernsteinsäure.

$$C\!\!<^O_{OH} \qquad C\!\!<^O_{-OH} \qquad C\!\!<^O_{OH}$$

Oxalsäure
$C_2 H_2 O_4$

Malonsäure
$C_3 H_4 O_4$

Bernsteinsäure
$C_4 H_6 O_4$

Die Oxalsäure kommt in vielen Pflanzen, besonders im Sauerklee vor. Sie wird technisch gewonnen durch Schmelzen von Sägespänen mit Ätzkali in eisernen

Pfannen. Dabei bildet sich in nicht aufgeklärter Reaktion durch Umsetzung der Zellulose Kaliumoxalat. Aus der Schmelze wird die Oxalsäure als Calciumoxalat gefällt und durch dessen Zerlegung mittels Schwefelsäure gewonnen.

Oxalsäure ist farblos und kristallisiert mit zwei Mole=külen Wasser. Beim Erhitzen für sich oder leichter mit konzentrierter Schwefelsäure zerfällt sie unter Bildung von Kohlendioxyd, Kohlenoxyd und Wasser:

$$\begin{matrix} HO - C = O \\ | \\ HO - C = O \end{matrix} = CO_2 + CO + H_2O$$

Die Salze der Oxalsäure heißen Oxalate. Das sog. Kleesalz ist ein Anlagerungsprodukt von 1 Molekül freier Oxalsäure an 1 Molekül saures Kaliumoxalat und besitzt die Formel $KHC_2O_4 \cdot H_2C_2O_4 \cdot 2H_2O$. Es ist ein Hauptbestandteil der sogenannten Fleckenstifte. Oxalsäure und ihre Salze sind giftig. Als Gegenmittel dienen Kalksalze, weil der Kalk mit Oxalsäure eine un=lösliche Verbindung (Calciumoxalat) bildet.

Malonsäure bildet weiße Kristalle. Mit Phosphor=pentoxyd erhitzt, bildet sie Kohlensuboxyd:

$$CH_2 \begin{matrix} C \diagup O \\ \quad - OH \\ C \diagup O \\ \quad - OH \end{matrix} = C \begin{matrix} = CO \\ = CO \end{matrix} + 2H_2O$$

    Malonsäure   Kohlensuboxyd   Wasser

Bernsteinsäure kommt im Bernstein, einem fossilen Harz, vor und bildet sich bei der alkoholischen Gärung des Zuckers. Kristallinische Substanz.

Säureester.

Wie bereits angeführt, sind Säureester Anhybride zwischen Säuren und Alkoholen. Sie entstehen bei der

Einwirkung von wasserentziehenden Mitteln (Schwefel=säure, Chlorwasserstoff) auf die Gemische von Säuren und Alkoholen, z. B.

$$CH_3 \cdot COOH + HO \cdot C_2H_5$$

Essigsäure   Äthylalkohol

$$= CH_3 \cdot CO \cdot OC_2H_5 + H_2O$$

Essigsäureäthylester   Wasser

Ferner bei der Einwirkung von Alkoholen auf Säure=chloride:

$$CH_3 \cdot CO \cdot \boxed{Cl + H}\, O \cdot C_2H_5$$

Acetylchlorid   Äthylalkohol

$$= CH_3 \cdot CO \cdot OC_2H_5 + HCl$$

Essigsäureäthylester

Außerdem durch Einwirkung von Jodalkylen auf Säuresalze, besonders auf Silbersalze der Säuren, z. B.

$$CH_3 \cdot COO\, \boxed{Ag + J}\, C_2H_5$$

Silberacetat,   Äthyljodid,

$$= CH_3 \cdot COO \cdot C_2H_5 + AgJ$$

Essigsäureäthylester

Die Säureester sind meist farblose Flüssigkeiten von aromatischem Geruch. Der wichtigste einfache Ester ist der Essigsäureäthylester, Aether aceticus. Farblose, leicht entzündliche Flüssigkeit. Eine Anzahl Ester dient zum Aromatisieren von Bonbons usw., so z. B. der Essig=säureamylester (Birnöl) und der Amylester der Balbrian=säure (Apfelöl).

Säurechloride.

Durch Einwirkung von Phosphorpentachlorid auf die freien Säuren entstehen die Säurechloride, Verbindungen, welche an Stelle des Hydroxyls der Karboxylgruppe ein Atom Chlor enthalten, z. B.

$$CH_3 \cdot COOH + PCl_5$$

Essigsäure

$$= CH_3 \cdot CO \cdot Cl + POCl_3 + HCl$$

Essigsäurechlorid (Acetylchlorid)

Es sind sehr reaktionsfähige Verbindungen. Mit Wasser bilden sie die Säure zurück, mit Alkoholen Säure=ester, mit Ammoniak Säureamide (f. S. 43), mit Säure=salzen Säureanhydride (f. unten).

Das wichtigste Säurechlorid ist das Acetylchlorid, eine farblose, stechend riechende Flüssigkeit, die bei 55° siedet.

Säureanhydride.

Säureanhydride bilden sich durch Austritt von einem Molekül Wasser aus zwei Molekülen Säure, z. B.

$$\begin{matrix} CH_3 \cdot COOH \\ CH_3 \cdot COOH \end{matrix} = \begin{matrix} CH_3 \cdot CO \\ CH_3 \cdot CO \end{matrix} \!> O + H_2O$$

Essigsäure   Essigsäureanhydrid

Die Wasserentziehung kann z. B. mittels Phosphor=pentoxyd, P_2O_5, ausgeführt werden. Eine andere Dar=stellungsweise ist die, daß man Säurechloride auf Säure=salze einwirken läßt, z. B.

$$CH_3 \cdot COCl + NaO\,CO \cdot CH_3$$

Acetylchlorid   Natriumacetat

$$= CH_3 \cdot CO \cdot O \cdot OC \cdot CH_3 + NaCl$$

Essigsäureanhydrid

Wenn zwei gleiche Säurereste miteinander verbunden sind, spricht man von einfachen Säureanhydriden. Gemischte Anhydride dagegen setzen sich aus ver=schiedenen Säureresten zusammen, z. B.

$$CH_3 \cdot CO \cdot O \cdot OC \cdot CH_2 \cdot CH_3$$

Gemischtes Anhydrid der Essig= und Propionsäure.

In Berührung mit Wasser verwandeln sich die Anhydride in die Säuren zurück, z. B.

$$\begin{array}{l} CH_3 \cdot CO \\ CH_3 \cdot CO \end{array} > O + H_2O = \begin{array}{l} CH_3 \cdot COOH \\ CH_3 \cdot COOH \end{array}$$

Essigsäureanhydrid ist eine farblose Flüssigkeit, deren Geruch zu Tränen reizt. Der Anhydrid der Ameisensäure ist nicht bekannt.

Halogensubstitutionsprodukte der Paraffine.

I. Monosubstitutionsprodukte (Halogenalkyle).

Die Einführung von einem Atom Halogen in das Molekül eines Kohlenwasserstoffes geschieht gewöhnlich nicht direkt, sondern durch Umsetzung des entsprechenden Alkohols mittels Halogenwasserstoffsäuren oder Halogen=phosphor.

1. $C_2H_5 \boxed{OH + H} Cl = C_2H_5Cl + H_2O$
  Äthylalkohol   Äthylchlorid

2. $3C_2H_5OH + PBr_3 = 3C_2H_5Br + PO_3H_3$
  Äthylalkohol Phosphor=   Äthylbromid phosphorige
         tribromid   Säure

Im ersteren Fall verfährt man so, daß man den Alkohol mit trockenem Halogenwasserstoff sättigt und dann in geschlossenen Röhren erhitzt. Die Alkylhalogenide, besonders die Jodalkyle, sind wichtig. Sie dienen zur Einführung von Alkylen in die verschiedensten Verbin=dungen. Chlormethyl, CH_3Cl, und Chloräthyl, C_2H_5Cl, sind bei gewöhnlicher Temperatur gasförmig, Jodmethyl und Jodäthyl sind flüssig.

II. Mehrfach substituierte Paraffine.

Von den höher substituierten Kohlenwasserstoffen sind besonders das Chloroform und das Jodoform von großer praktischer Wichtigkeit.

Chloroform, Trichlormethan, $CHCl_3$, wird darge=stellt durch Erhitzen von verdünntem Alkohol mit Chlorkalk.

Der Vorgang ist kompliziert. Man nimmt unter anderem an, daß der Chlorkalk den Alkohol zu Aldehyd oxydiert und diesen dann chloriert. Der entstehende Trichloraldehyd wird dann durch das Kaliumhydroxyd des Chlorkalkes in Chloroform und Ameisensäure gespalten.

$$2\,CCl_3 \cdot C \underset{-}{\overset{=}{}} \genfrac{}{}{0pt}{}{O}{H} + Ca\,(OH)_2$$

Trichloraldehyd

$$= 2\,CHCl_3 + \left(H \cdot C \underset{-}{\overset{=}{}} \genfrac{}{}{0pt}{}{O}{O}\right)_2 Ca$$

Chloroform   ameisensaures Calcium

Chloroform ist eine farblose, schwere Flüssigkeit, die bei 61° siedet und einen eigentümlichen, süßlichen Geruch besitzt. Unter dem Einfluß von Licht und Luft zersetzt es sich unter Bildung von Chlor, Chlorwasserstoff und Kohlenoxychlorid, $COCl_2$. Alkoholzusatz macht das Chloroform haltbarer. Das Einatmen seiner Dämpfe hat Betäubung zur Folge, worauf seine Anwendung zur Narkose beruht.

Jodoform, Trijodmethan, CHJ_3, wird aus Alkohol gewonnen, indem man denselben mit Jod und Natronlauge behandelt. Es kristallisiert in glänzenden gelben Blättchen und besitzt einen sehr intensiven Geruch. Wegen seiner desinfizierenden (Bakterien tötenden) Wirkung wird es als Antiseptikum bei der Wundbehandlung viel verwendet.

Bromoform, Tribrommethan, $CHBr_3$, wird analog dem Jodoform erhalten. Flüssigkeit. Von technischer Wichtigkeit ist der Tetrachlorkohlenstoff, der durch Einwirkung von Chlor auf Chloroform gewonnen wird und als Lösungs- und Fleckenreinigungsmittel an Stelle von Benzin dient

Amine.

Ersetzt man im Ammoniak ein Wasserstoffatom oder mehrere durch Kohlenwasserstoffreste, so erhält man Amine.

Je nach der Anzahl der eingetretenen Kohlenwasserstoffreste unterscheidet man zwischen primären, sekundären und tertiären Aminen:

$$CH_3 \cdot NH_2 \qquad (CH_3)_2 NH \qquad (CH_3)_3 N$$

Methylamin   Dimethylamin   Trimethylamin

(Primäres Amin) (Sekundäres Amin) (Tertiäres Amin)

Die gewöhnliche Darstellungsweise besteht darin, daß man Halogenalkyle auf Ammoniak einwirken läßt. Dabei entstehen jedoch stets Gemische verschieden stark substituierter Verbindungen, da z. B. bei der Einwirkung von Jodmethyl auf Ammoniak die Methylierung nicht beim Methylamin stehen bleibt, sondern sich nebeneinander gleichzeitig auch Dimethylamin und Trimethylamin bildet.

1. $NH_3 + CH_3 J = CH_3 NH_2 \cdot HJ$
2. $CH_3 NH_2 + CH_3 J = (CH_3)_2 NH \cdot HJ$
3. $(CH_3)_2 NH + CH_3 J = (CH_3)_3 N \cdot HJ$,

Als letztes Einwirkungsprodukt bildet sich schließlich nach der Gleichung:

4. $(CH_3)_3 N + CH_3 J = (CH_3)_4 \equiv N{-}J$

das sog. Tetramethylammoniumjodid, ein Salz der Base „Tetramethylammoniumhydroxyd", $(CH_3)_4 \equiv N OH$, die durch Behandlung des Jodids mit Silberoxyd erhalten werden kann.

Die Unterscheidung zwischen primären, sekundären und tertiären Aminen kann auf Grund ihres verschiedenen Verhaltens gegen freie salpetrige Säure getroffen werden. Die primären Amine liefern mit salpetriger Säure unter Stickstoffentwicklung Alkohole, z. B.:

$$CH_3 \cdot CH_2 \cdot NH_2 + HNO_2 = CH_3 \cdot CH_2 OH$$

Äthylamin   Äthylalkohol

$$+ N_2 + H_2 O$$

Die sekundären Amine geben unter denselben Umständen Nitroso=Verbindungen, die sog. „Nitrosamine":

$$(CH_3 \cdot CH_2)_2 NH + HNO_2$$

Diäthylamin

$$= \frac{CH_3 \cdot CH_2}{CH_3 \cdot CH_2} \!\!> N \cdot N = O + H_2O$$

Nitrosodiäthylamin

Die tertiären Amine werden von salpetriger Säure nicht angegriffen. In ihren allgemeinen Eigenschaften gleichen die Amine sehr dem Ammoniak, sind aber stärkere Basen als dieses. Sie besitzen alle einen sehr starken, zum Teil äußerst unangenehmen Geruch.

Amide (Säureamide).

Die Amide lassen sich vom Ammoniak durch Einführen von Säureresten an Stelle von Wasserstoffatomen desselben ableiten.

Gewöhnlich werden Säureamide nach einer der folgenden Methoden dargestellt:

Durch Einwirkung von Säurechlorid auf Ammoniak, z. B.:

$$CH_3 \cdot COCl + NH_3 = CH_3 \cdot CONH_2 + HCl$$

Acetylchlorid   Amid der Essigsäure ("Acetamid")

Durch Wasserabspaltung aus Ammoniumsalzen der Säuren z. B.:

$$CH_3 \cdot COONH_4 = CH_3 \cdot CONH_2 + H_2O$$

Ammoniumacetat   Acetamid

Die Säureamide lassen sich unter Wasseraufnahme leicht „verseifen":

$$CH_3 \cdot CONH_2 + H_2O = NH_3 + CH_3 \cdot COOH$$

Acetamid   Essigsäure

Diese „Verseifung", wie der Prozeß in Analogie mit der Verseifung von Estern genannt wird, wird z. B. durch Kochen eines Amids mit verdünnten Säuren oder wässerigem Alkali leicht erreicht.

Die Säureamide sind feste, kristallisierte Substanzen; nur das Amid der Ameisensäure, das sog. „Formamid", $HCONH_2$, ist flüssig.

Säurenitrile; Isonitrile.

Entzieht man den Ammoniumsalzen der organischen Säuren 1 Mol. Wasser, so entstehen die Säureamide (f. S. 43); durch Abspaltung von 2 Molekülen Wasser entstehen die Säurenitrile.

$$R \cdot COONH_4 = R \cdot C \equiv N + 2 H_2O.$$

Diese Wasserabspaltung wird gewöhnlich in der Weise ausgeführt, daß man die Ammoniumsalze durch Erhitzen in Amide überführt und den Amiden durch neuerliches Erhitzen unter Zusatz von P_2O_5 (als wasserentziehendes Mittel) das 2. Molekül Wasser entzieht.

Außerdem werden die Nitrile (neben geringen Mengen von Isonitrilen f. unten) erhalten durch Wechselwirkung zwischen Halogenalkylen und Cyankalium z. B.:

$$CH_3J + KCN = CH_3 \cdot C \equiv N + KJ$$
Methyljodid　Cyankalium　　　Acetonitril
　　　　　　　　　　　　　　(Nitril der Essigsäure)

Die Nitrile (auch „Säurecyanide" genannt) sind flüssige Verbindunden mit eigenartigem, nicht unangenehmen Geruch. Sie lassen sich durch Erwärmen mit Säuren und ebenso mit Alkalien „verseifen", d. h. in Säuren überführen z. B.:

$$CH_3 \cdot CN + 2 H_2O = CH_3 COOH + NH_3$$
Methylcyanid　　　　　　Essigsäure

Durch starke Reduktionsmittel werden sie in primäre Amine übergeführt:

$$CH_3 \cdot C \equiv N + 4 H = CH_3 CH_2 \cdot NH_2$$
Methylcyanid　　　　　　Äthylamin

Die Isonitrile (auch „Carbylamine" genannt) sind mit den Nitrilen isomer und besitzen die Konstitution:

$$R - N \equiv C \qquad \overset{|}{R} - C \equiv N$$

Isonitril   Nitril

Sie lassen sich erhalten durch Einwirkung von Chloroform und Alkali auf ein primäres Amin:

$$CH_3 \cdot CH_2 \cdot NH_2 + CH Cl_3 + 3 \, KOH$$

Äthylamin

$$= CH_3 \, CH_2 - N \equiv C + 3 \, KCl + 3 \, H_2O$$

Äthylcarbylamin

Alle Isonitrile zeichnen sich durch einen ekelerregenden, unangenehmen Geruch aus. Bei der Verseifung liefern sie Ameisensäure und ein primäres Amin:

$$CH_3 \cdot CH_2 \cdot NC + 2 \, H_2O = CH_3 \cdot CH_2 \cdot NH_2$$

Äthylcarbylamin   Äthylamin

$$+ \, HCOOH$$

Ameisensäure

Oxyfäuren.

Manche Verbindungen enthalten neben einer oder mehreren Carboxylgruppen noch alkoholische Hydroxylgruppen. Bestimmend für die Natur solcher Substanzen ist stets hauptsächlich die Carboxylgruppe. Sie sind also ausgeprägte Säuren mit gleichzeitigem, weniger deutlichem Alkoholcharakter. Ihre Darstellung gelingt durch Einwirkung von Wasser oder verdünnten Alkalien auf Halogenfettsäuren, z. B.:

$$CH_2 \, Cl \cdot CH_2 \cdot COOH + KOH$$

Monochlorpropionsäure

$$= CH_2 \, OH \cdot CH_2 \cdot COOH + KCl$$

Oxypropionsäure

I. Einbasische Oxysäuren.

Je nach der gegenseitigen Stellung der Carboxyl= und Hydroxylgruppe unterscheidet man zwischen α-, β-, γ- 2c. Oxysäuren:

$$CH_3 \cdot CH_2 \cdot CH_2 \cdot CHOH \cdot COOH \quad \text{α-Oxyvaleriansäure,}$$
$$CH_3 \cdot CH_2 \cdot CHOH \cdot CH_2 \cdot COOH \quad \text{β-} \qquad \text{''}$$
$$CH_3 \cdot CHOH \cdot CH_2 \cdot CH_2 \cdot COOH \quad \text{γ-} \qquad \text{''}$$
$$CH_2OH \cdot CH_2 \cdot CH_2 \cdot CH_2 \cdot COOH \quad \text{δ-} \qquad \text{''}$$

Die γ- und δ-Oxysäuren bilden unter Wasser= abspaltung leicht innere Ester, sog. Laktone, z. B.:

$$CH_3 \cdot CH \cdot CH_2 \cdot CH_2 \cdot CO$$
$$\boxed{OH \qquad H}O$$

$$= \quad CH_3 \cdot CH \cdot CH_2 \cdot CH_2 \cdot CO \Big|_{\_\_\_\_O} + H_2O$$

Lakton der γ-Oxybuttersäure

Erhitzt man die β-Oxysäure für sich oder mit wasser= entziehenden Mitteln, so spalten sie auch leicht Wasser ab, liefern dabei aber nicht Laktone, sondern ungesättigte Säuren z. B.:

$$CH_3 \cdot CH - CH - COOH$$
$$\boxed{OH \qquad H}$$

β-Oxybuttersäure

$$CH_3 \cdot CH = CH \cdot COOH + H_2O$$

Crotonsäure

Bei den α-Oxysäuren verläuft die Wasserabspaltung zwischen 2 Molekülen unter Bildung sog. Laktide:

$$CH_3 \cdot CH\,OH \cdot COO\,H \qquad CH_3 \cdot CH \cdot COO$$
$$= \qquad \qquad \Big| \qquad \Big|$$
$$H\,OOC \cdot CH\,OH \cdot CH_3 \qquad OOC \cdot CH \cdot CH_3$$

Laktid

Die wichtigste einbasische Oxysäure ist die **Milchsäure**, $C_3H_6O_3$ (Oxypropionsäure). Hievon existieren 2 Isomere, die

$$CH_3 \cdot CH\,OH \cdot COOH \quad \text{und} \quad CH_2\,OH \cdot CH_2 \cdot COOH$$

α-Oxypropionsäure β-Oxypropionsäure
("Äthylidenmilchsäure") (Äthylenmilchsäure)
gewöhnliche Milchsäure

Die gewöhnliche Milchsäure (Acidum lacticum) ist in der sauren Milch enthalten, wo sie durch den "Milchsäurebazillus" aus Milchzucker durch einen Gärungsvorgang entsteht. Sie kommt auch im Opium, im Sauerkraut und Magensaft vor. In reinem Zustand bildet sie eine sirupartige Flüssigkeit. Sie enthält ein assymetrisches Kohlenstoffatom

$$CH_3 - \overset{\overset{\textstyle H}{|}}{C^*} - \overset{\overset{\textstyle =O}{}}{C} - OH$$
$$\underset{\textstyle OH}{|}$$

und existiert deshalb in verschiedenen optischen Modifikationen. Die durch Gärung gewonnene Säure ist optisch inaktiv, da sie ein Gemisch von gleich viel rechtsdrehender und linksdrehender Säure darstellt. Aus Fleischsaft läßt sich eine rechtsdrehende Modifikation isolieren ("Fleischmilchsäure"). Die Salze der Milchsäure heißen Lactate.

II. Mehrbasische Oxysäuren.

Unter den mehrbasischen Oxysäuren ist die wichtigste die Weinsäure, eine Dioxybernsteinsäure:

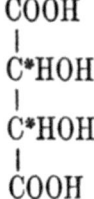

COOH
|
C*HOH
|
C*HOH
|
COOH

Sie enthält zwei asymetrische Kohlenstoffatome (in der Formel durch * markiert) und kommt dementsprechend in einer rechts-, einer linksdrehenden und einer inaktiven (racemischen) Modifikation vor. Außer der racemischen Form, die ein Gemisch gleicher Gewichtsteile der rechts- und der linksdrehenden Art darstellt, kennt man noch eine zweite, hiemit nicht identische, optisch inaktive Modifikation, die sog. Mesoweinsäure. Ihre Existenz erklärt sich folgendermaßen: Wenn wir uns das Molekül der Weinsäure zwischen den beiden asymetrischen Kohlenstoffatomen gespalten denken, so entstehen zwei Spaltstücke, von denen jedes optisch aktiv sein muß. Fügen wir nun zwei linksdrehende Bruchstücke zusammen, so entsteht die linksdrehende Weinsäure; durch Zusammentritt von zwei rechtsdrehenden Bruchstücken entsteht die rechtsdrehende Säure. Durch Vereinigung von je einem rechtsdrehenden und einem linksdrehenden Teil hingegen wird eine inaktive Säure entstehen, die nicht identisch ist mit der racemischen Säure.

$$\begin{array}{l} COOH \\ | \\ CHOH \\ \hline \\ CHOH \\ | \\ COOH \end{array}$$

Es sind also zu unterscheiden:
1. rechtsdrehende Weinsäure = „Rechtsweinsäure"
2. linksdrehende　　　„　　 = „Linksweinsäure"
3. racemische　　　　　„　　 = „Traubensäure"
4. Antiweinsäure　　　　　 = „Mesoweinsäure".

Die gewöhnliche Weinsäure (Acidum tartaricum) des Handels ist die Rechtsweinsäure. Sie bildet sich bei der Gärung des Weines und scheidet sich bei diesem Prozeß in Form ihres in Wasser schwer löslichen sauren Kaliumsalzes, des sog. Weinsteins, $C_4 H_5 O_6 K$, aus. Sie kristallisiert in großen, farblosen Kristallen (Prismen). Die Salze der Weinsäuren heißen Tartrate. Als Seignettesalz wird das neutrale Natriumkaliumtartrat $C_4 H_4 O_6 NaK$, bezeichnet. Brechweinstein ist Kaliumantimonyltartrat, $C_4 H_4 O_6$ KSbO. Viele Metalle bilden mit Weinsäure komplexe Verbindungen. Eine solche des Kupfers ist enthalten in der sog. Fehlingschen Lösung, die man durch Vermischen der Lösungen von Kupfervitriol, Weinsäure und Natriumhydroxyd erhält. Die Fehlingsche Lösung dient als Reagens für viele reduzierende Substanzen; dieselben scheiden aus ihr rotes Kupferoxydul aus.

Von anderen mehrbasischen Oxysäuren sind noch zu erwähnen: die Apfelsäure, eine Monooxysäure von der Konstitution

$$
\begin{array}{c}
COOH \\
| \\
CHOH \\
| \\
CH_2 \\
| \\
COOH
\end{array}
$$

Sie kommt in vielen unreifen Früchten vor und kristallisiert schwierig. Durch Wasserabspaltung entstehen aus ihr, je nach der Temperatur, Fumarsäure oder das Anhydrid der Maleïnsäure. Die Fumar= und die Maleïnsäure besitzen genau die gleiche empirische Zusammensetzung und Atomverkettung. Da sie gleichwohl nicht identische Individuen sind, muß man annehmen, daß ihre Verschiedenheit in der räumlichen Konfiguration der Atomgruppen begründet ist, wie das die folgenden Formeln zum Ausdruck bringen.

I.

$$
\begin{array}{c}
H \cdot C - COOH \\
\| \\
H \cdot C - COOH
\end{array}
$$

(Maleïnsäure)

II.

$$
\begin{array}{c}
HC - COOH \\
\| \\
HOOC - C \cdot H
\end{array}
$$

(Fumarsäure)

Da man von der einen der Säure ein Anhydrid kennt (Maleïnsäure), während von der anderen Säure ein solches nicht existiert, muß man der Maleïnsäure die Formel I, welche die Möglichkeit einer Anhydridbildung zuläßt, zu sprechen. Die Zitronensäure (Acidum citricum) ist eine dreibasische Oxysäure von der Formel:

$$\begin{array}{l} CH_2 \cdot COOH \\ | \\ C \begin{array}{l} -OH \\ \diagdown COOH \end{array} \\ | \\ CH_2 \cdot COOH \end{array}$$

Sie wird aus unreifen Zitronen gewonnen, ist aber auch in vielen anderen Früchten, z. B. in den Johannisbeeren und Preißelbeeren 2c. enthalten.

Aminosäuren.

Durch Behandlung der Halogenfettsäuren mit Ammoniak entstehen die Aminosäuren.

$$Cl\ CH_2 \cdot COOH + NH_3 = H_2N \cdot CH_2 \cdot COOH$$

Monochloressigsäure   Aminoessigsäure (Glykokoll)

Glykokoll wird technisch dargestellt durch Behandlung von Leim mit verdünnten Säuren. Es bildet Kristalle, die einen süßen Geschmack besitzen. Daher der Name.

Eine bei der Fäulnis von Eiweißstoffen, neben Glykokoll, entstehende Säure ist das Leucin. Glänzende Kristallblättchen.

$$\begin{array}{l} CH_3 \\ | \\ CH \cdot CH_2 \cdot CHNH_2 \cdot COOH \\ | \\ CH_3 \end{array}$$

Man kennt eine optisch inaktive, eine links und eine rechts drehende Form.

Kohlehydrate (Zucker).

Der Name „Kohlehydrate" heißt soviel als: Verbindung von Kohle mit Wasser. Er ist inkorrekt; indessen hat er insofern eine gewisse Begründung, als das Atomverhältnis von Wasserstoff und Sauerstoff in den sogenannten Kohlehydraten dasselbe ist als im Wasser: d. h. es treffen immer auf jedes in den Molekülen enthaltene Sauerstoffatom zwei Atome Wasserstoff.

Die Klasse der Kohlehydrate oder Zucker umfaßt eine große Anzahl äußerst wichtiger Verbindungen, nämlich die eigentlichen Zuckerarten (Monosen, Biosen und Triosen) und die Polyosen (Stärke und Cellulose).

Die Zucker sind in ihrer Struktur dadurch charakterisiert, daß sie folgende Atomgruppierung

$$\begin{array}{ccc} & H & \\ -C & - & C- \\ | & & \| \\ OH & & O \end{array}$$

also eine Alkoholgruppe neben einer Carbonylgruppe enthalten. Je nachdem die Carbonylgruppe endständig (also eine Aldehydgruppe) ist oder (Ketongruppe) nicht, spricht man von Aldosen oder Ketosen.

Die Verbindungen, welche die charakteristische Atomgruppierung der Zucker nur einmal im Molekül enthalten, heißen Monosen. Außerdem gibt es Verbindungen, welche diese Atomgruppierung mehrmals in jedem Molekül enthalten; sie werden dementsprechend als Biosen, Triosen bezw. Polyosen bezeichnet.

Die praktisch wichtigsten Zuckerarten enthalten im Molekül sechs Kohlenstoffatome oder ein Vielfaches dieser Zahl. Es sind das:

1. Monosen (mit 6 Atomen C): Traubenzucker, Fruchtzucker;

2. **Biosen** (mit 2×6 Atomen C): Rohrzucker, Malzzucker, Milchzucker;

3. **Triosen** (mit 3×6 Atomen C): Raffinose;

4. **Höhere Polyosen** (mit $n \times 6$ Atomen C): Stärke, Cellulose.

Man kennt aber auch Zuckerarten mit 4, 5, 7 ꝛc. Atomen Kohlenstoff. Inkonsequenter Weise, d. h. im Widerspruch mit dem Prinzip der obigen Nomenklatur werden solche Verbindungen häufig als Tetrosen, Pentosen, Heptosen ꝛc. bezeichnet. Da die Zucker meistens mehrere asymetrische Kohlenstoffatome enthalten, so sind viele Fälle von Stereoisomerie zu beobachten.

I. Monosen (Monosaccharide).

Die Monosen, welche als die ersten Oxydationsprodukte sechswertiger Alkohole aufzufassen sind, zeigen verschiedene charakteristische Reaktionen, von denen die folgenden die wichtigsten sind: Mit Phenylhydrazin entstehen Osazone. Die Reaktion verläuft in drei Phasen:

1. Die Carbonylgruppe der Monose reagiert mit einem Mol. Phenylhydrazin (s. S. 29) unter Wasseraustritt und Bildung eines sog. Phenylhydrazons:

$$\begin{array}{l} \mid \\ C <^{H}_{OH} \\ \mid \\ C = \boxed{O \qquad H_2} \, N \cdot NHC_6H_5 \\ \mid \end{array}$$

Zucker   Phenylhydrazin

$$\begin{array}{l} \mid \\ C <^{H}_{OH} \\ \mid \\ C = N - NHC_6H_5 \\ \mid \end{array} \qquad + H_2O$$

Phenylhydrazon

2. Ein zweites Molekül Phenylhydrazin oxydiert die neben der Carbonylgruppe befindliche Alkoholgruppe zur Carbonylgruppe und wird dabei selbst reduziert zu Ammoniak und Anilin:

$$\begin{array}{l} \mid \\ C\!<\!\!\begin{array}{l} H \\ OH \end{array} \qquad\qquad + H_2 N \cdot NH\,C_6\,H_5 \\ \mid \\ C = N \cdot NH\,C_6\,H_5 \\ \mid \end{array}$$

$$=\begin{array}{l} \mid \\ C = O \qquad\qquad + NH_3 + H_2\,N \cdot C_6\,H_5 \\ \mid \qquad\qquad\qquad\qquad\quad \text{Anilin} \\ C = N \cdot N\,HC_6\,H_5 \\ \mid \end{array}$$

3. Mit der so entstandenen neuen Carbonylgruppe reagiert ein drittes Mol. Phenylhydrazin unter Bildung eines sog. Osazons:

$$\begin{array}{l} \mid \\ C = \overline{|O \qquad\qquad\quad + H_2\,|}\,N \cdot NHC_6\,H_5 \\ \mid \\ C = N \cdot N\,H \cdot C_6\,H_5 \\ \mid \end{array}$$

$$=\begin{array}{l} \qquad\quad \mid \\ \qquad\quad C = N \cdot NHC_6\,H_5 \\ \qquad\quad \mid \qquad\qquad\qquad\quad + H_2\,O \\ \qquad\quad C = N - NHC_6\,H_5 \\ \qquad\quad \mid \\ \qquad\quad \text{Osazon} \end{array}$$

Die Reaktion ist deshalb s e h r   w i c h t i g, weil die Osazone gut kristallisierende, im Wasser schwer lösliche Verbindungen sind, die zur Erkennung und Unterscheidung der einzelnen (oft schlecht kristallisierenden) Monosen dienen.

Ferner sei darauf hingewiesen, daß die Monosen befähigt sind, Blausäure zu addieren, wodurch kohlenstoffreichere Kohlehydrate aus kohlenstoffärmeren erhalten werden können.

Fehlingsche Lösung (d. i. eine alkalische Kupferlösung, welche erhalten wird durch Mischung von Kupfervitriol-, Weinsäure und Ätznatronlösung) wird durch die Monosen beim Erwärmen reduziert und scheidet rotes Kupferoxydul (Cu_2O) aus. Ebenso wird ammonialkalische Silberlösung reduziert. Dabei bildet sich ein Silberspiegel.

Die wichtigsten Monosen sind der Traubenzucker und Fruchtzucker. Ersterer ist eine Aldose, letztere eine Ketose.

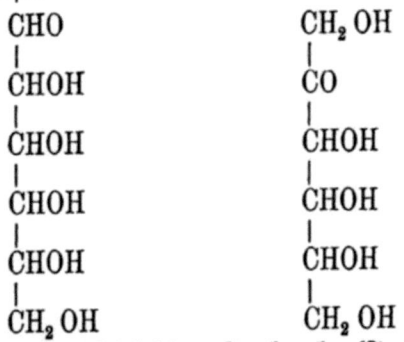

CHO	CH_2OH
CHOH	CO
CHOH	CHOH
CHOH	CHOH
CHOH	CHOH
CH_2OH	CH_2OH
Traubenzucker (Glukose)	Fruchtzucker (Fruktose)

Der Traubenzucker (Glukose) ist in vielen süßen Früchten enthalten, außerdem im Honig und im Harn der Diabetiker. Er wird daher auch Harnzucker genannt. Technisch stellt man ihn dar durch Kochen von Stärke mit verdünnten Säuren, daher der Name Stärkezucker. Er schmeckt nicht so süß wie Rohrzucker. Durch Hefepilze läßt er sich vergähren. Je nachdem er optisch rechtsdrehend, linksdrehend oder inaktiv ist, unterscheidet man:

d — Glukose   (d = dexter, rechts),
l — Glukose   (l = laevus, links),
i — Glukose   (i = inaktiv).

Der gewöhnliche Traubenzucker ist rechtsdrehend (d-Glukose).

Traubenzucker ist befähigt, mit Alkoholen zu ätherartigen Verbindungen zusammenzutreten, z. B.:

$$C_6 H_{12} O_6 + CH_3 OH = C_7 H_{14} O_6 + H_2 O$$

Traubenzucker Methylalkohol Methylglykosid.

Derartige Verbindungen bezeichnet man als Glykoside oder Glukoside. Sie zeigen viel Ähnlichkeit mit vielen, hauptsächlich im Pflanzenreich vorkommenden Stoffen wie Amygdalin, myronsaurem Kali, Salicin ꝛc.

Der Fruchtzucker (Fruktose) kommt ebenfalls in den süßen Früchten und im Honig vor. Er läßt sich auch durch Behandeln von Rohrzucker mit verdünnten Säuren (Hydrolyse) neben Glukose erhalten.

II. Biosen (Disaccharide).

Die Biosen besitzen die Zusammensetzung $C_{12} H_{22} O_{11}$. Man kann sie entstanden denken aus 2 Mol. Monose, die sich unter Wasseraustritt kondensiert haben.

$$2 C_6 H_{12} O_6 = C_{12} H_{22} O_{11} + H_2 O.$$

Die beiden Moleküle Monose, welche zur Biose vereinigt sind, müssen nicht gleichartig sein. Durch verdünnte Säuren und gewisse Enzyme lassen sich die Biosen leicht in die Monosen spalten, aus denen sie aufgebaut sind.

Die wichtigsten Biosen sind der Rohrzucker, der Malzzucker und der Milchzucker.

Der Rohrzucker zerfällt bei der Hydrolyse (Spaltung unter Wasseraufnahme) in gleichviel Moleküle Traubenzucker und Fruchtzucker. Sein Molekül ist also aufzufassen als:

1 Mol. Traubenzucker + 1 Mol. Fruchtzucker — 1 Mol. Wasser. Er zeigt an sich die Reaktionen der Monosen (s. S. 52 f.) nicht, wohl aber nach kurzer Behandlung mit einer verdünnten Säure, wodurch er gespalten wird. Der Vorgang (Hydrolyse) wird in diesem speziellen Fall auch „Inversion" genannt, weil der Rohrzucker stark rechtsdrehend, das Gemisch seiner Komponenten nach der Hydrolyse (auch „Invertzucker" genannt) dagegen linksdrehend ist. (Inversion = Umkehrung). Ein natür= licher Invertzucker ist der Honig.

Zur technischen Gewinnung des Rohrzuckers dienen vorzugsweise die Zuckerrüben (Runkelrüben) und das Zuckerrohr. Die Rüben enthalten 10 bis 15% Rohrzucker, das Zuckerrohr bis 20%. Außerdem gewinnt man noch Zucker aus dem Safte der Dattelpalme und Zuckerahorn. Zur Darstellung aus den Rüben werden diese mit be= sonderen Maschinen fein zerschnitten („geschnitzelt") und dann mit möglichst wenig Wasser systematisch ausgelaugt. Die so erhaltene Zuckerlösung wird zur Entfernung fremder Stoffe (Oxalsäure, Zitronensäure, Eiweißstoffe, Farbstoffe) mit etwas Kalk behandelt, dann abfiltriert und zum „Dicksaft" eingedampft. Durch Einleiten von Kohlensäure („Saturation") wird nun der in der Lösung noch vorhandene Kalk entfernt. Der Dicksaft wird dann weiter konzentriert bis zur Abscheidung von Kristallen. Nach dem Erkalten trennt man die ausgeschiedenen Zuckerkristalle durch Zentrifugieren von der Flüssigkeit. Der zuletzt er= haltene Sirup heißt „Melasse". Er wird gewöhnlich ver= goren. Doch läßt sich aus ihm nach dem sog. Stron= tianverfahren noch Kristallzucker gewinnen. Man verfährt dabei so, daß man die Melasse mit Strontium= hydroxyd versetzt, wobei eine schwer lösliche Zuckerver= bindung des Strontiums (Strontiumsaccharat) gebildet wird. Diese wird in wässeriger Suspension dann durch

Einleiten von Kohlensäure zersetzt. Nach dem Abfiltrieren
des Strontiumkarbonats wird die wässrige Zuckerlösung
eingedampft. Das „Raffinieren" des Rohrzuckers
geschieht durch Umkristallisieren aus Wasser unter Zusatz
von Knochenkohle (Entfärbungsmittel).

Läßt man eine konz. Zuckerlösung, in die man Fäden
hineinhängt, langsam verdunsten, so scheiden sich schöne
große Kristalle ab. Auf diese Weise erhält man aus dem
reinen Zucker den weißen Kandiszucker, aus dem Rohzucker
den braunen. Invertiert man Rohrzucker mit Schwefelsäure oder Weinsäure und setzt diesem Gemisch Honig-
aroma hinzu, so erhält man den sog. Kunsthonig. Durch
vorsichtiges Erhitzen des Rohrzuckers auf etwa 250° entsteht das braune Caramel, ein Gemisch verschiedener Stoffe.
Direkt vergären läßt sich der Rohrzucker nicht.

Die Maltose (Malzzucker) ist eine Biose, deren
Molekül aus 2 Molekülen Traubenzucker aufgebaut ist,
da sie bei der Hydrolyse nur diese Monose liefert. Malz-
zucker entsteht bei der Einwirkung von Diastase auf
Stärke und ist ein wichtiges Zwischenprodukt bei der
Alkoholfabrikation (s. S. 20), da er direkt vergärbar ist.

Der Milchzucker (Laktose) ist in der Milch enthalten und wird aus der von Kaseïn und Fett befreiten
Milch (der Molke) gewonnen. Er ist ein Anhydrid von
je einem Molekül der Monosen Traubenzucker und Galak-
tose. Wegen der Härte seiner Kristalle wird er auch
„Sandzucker" genannt.

III. Polyosen (Polysaccharide).

Die Moleküle der wichtigsten Polyosen, nämlich der
Stärke und der Cellulose, sind sehr groß; ihr
Molekulargewicht ist nicht bekannt $(C_6 H_{10} O_5)x$.

Die Stärke (Amylum) ist in Form kleiner Körner
in vielen Pflanzen enthalten. Je nach dem Ursprung

unterscheidet man: Kartoffelstärke, Maisstärke, Reisstärke 2c.
Die Kartoffeln enthalten an 20%, der Mais gegen 65%
und der Weizen ca. 70% Stärke. Aus den Kartoffeln
wird die Stärke dadurch gewonnen, daß man die rohen
Kartoffel zerschneidet und zerquetscht und dann die Stärke=
körner durch fließendes Wasser herausspült. Nach dem
Absitzen läßt man das Wasser weglaufen und trocknet
die zurückbleibende Stärke langsam.

In kaltem Wasser sind die Stärkekörner unlöslich,
beim Erwärmen mit Wasser auf 50° verkleistern sie
(Stärkekleister), indem sie eine schleimige Lösung
bilden. Beim Erhitzen von Stärke auf 200° entsteht
Dextrin (Stärkegummi), ebenso bei kurzem Kochen mit
verdünnten Säuren. Dextrin wird vielfach als Klebstoff
benützt. Längere Behandlung mit verdünnten Säuren
verwandelt Stärke in Traubenzucker. Unter der Einwirkung
der Diastase entsteht aus Stärke Malzzucker.

Die Cellulose bildet den Hauptbestandteil der
Pflanzenzellwände. Reine Cellulose wird aus Baumwolle
durch Extrahieren der fremden Bestandteile mittels ver=
dünnter Kalilauge, Salzsäure, Wasser, Alkohol und Äther
erhalten. Schwedisches Filtrierpapier ist nahezu reine
Cellulose.

Cellulose ist als Rohstoff für die Papierfabrikation
und als Material der Textilindustrie volkswirtschaftlich
von großer Bedeutung. Ferner bildet Cellulose das Aus=
gangsmaterial für Schießbaumwolle und Collodiumwolle,
rauchloses Pulver und Zelluloid. Behandelt man Cellulose
mit einem Gemisch von Salpeter und Schwefelsäure, so
wird diese in Salpetersäureester (Nitrate) umgewandelt.
Der Name Nitrocellulose ist exakt chemisch genommen
ebenso unrichtig wie der des Nitroglyzerins (s. S. 22).
Tatsächlich sind diese Verbindungen Salpersäureester. Die
Schießwolle ist der Hauptsache nach Trinitrat. Sie unter=

scheidet sich äußerlich nicht von der gewöhnlichen Baum=
wolle, explodiert heftig, insbesondere durch Druck und
Schlag und wird daher als Sprengmittel benützt. Mit
nasser Schießwolle, welche erst durch Stoß — sog. Initial=
zündung — explodiert, werden die Torpedos gefüllt.

Behandelt man Schießwolle mit Aceton oder Essig=
ester, so entsteht eine Masse, die weniger explosiv ist, das
rauchlose Pulver.

Ein Gemisch von Mono= und Dinitrocellulose ist die
Collodiumwolle. Sie ist löslich in einer Mischung von
Alkohol und Äther, und eine derartige Lösung findet
unter dem Namen „Collodium" medizinische Anwendung.

Das Trinitrat findet auch Anwendung zur Herstellung
von Kunstseide. Eine Auflösung von nitrierter Wolle in
geschmolzenem Kampfer kommt unter dem Namen „Cellu=
loid" in den Handel. Dieses wird zu Imitationen von
Elfenbein, Bernstein, Schildpatt 2c. verarbeitet. Es ist
leicht entzündlich.

———————

Cyanverbindungen.

---

1. Cyan (Dicyan), $C_2 N_2$.

Cyan (Dicyan) ist das Dinitril der Oralsäure:

$$
\begin{array}{cc}
\text{COOH} & \text{C} \equiv \text{N} \\
| & | \\
\text{COOH} & \text{C} \equiv \text{N} \\
\text{Oralsäure} & \text{Cyan}
\end{array}
$$

Es ist bei gewöhnlicher Temperatur ein farbloses, giftiges Gas von eigentümlichem Geruch. Es brennt mit pfirsichroter Flamme. Dargestellt kann es werden durch Erhitzen von Quecksilbercyanid

$$ Hg\,(CN)_2 = Hg + (CN)_2 $$

Quecksilbercyanid

oder durch Vermischen der wässerigen Lösungen von Kupfervitriol und Cyankalium:

$$ 2\,Cu\,SO_4 + 4\,KCN = 2\,Cu\,CN + 2\,K_2\,SO_4 + C_2\,N_2 $$

Cuprisulfat Cyankalium Cuprocyanid Kaliumsulfat Cyan

Cyan verhält sich in mancher Beziehung wie ein Analogon der Halogene. Entsprechend der Bildung von Chlorid und Hypochlorit beim Einleiten von Chlorgas in Alkalilauge bildet Cyan mit Alkalilauge Cyanid und Cyanat:

$$ 2\,Na\,OH + Cl_2 = Na\,Cl + Na\,OCl + H_2O $$

$$ 2\,Na\,OH + (CN)_2 = Na\,CN + Na\,OCN. $$

2. Blausäure, Cyanwasserstoffsäure, HCN.

Die Blausäure ist das Nitril der Ameisensäure:

$$C \genfrac{}{}{0pt}{}{= O}{\genfrac{}{}{0pt}{}{- OH}{- H}} \qquad C \genfrac{}{}{0pt}{}{\equiv N}{- H}$$

Ameisensäure   Cyanwasserstoff

Sie kommt in der Natur vor. Die bitteren Mandeln enthalten einen „Amygdalin" genannten Stoff, der in Berührung mit Wasser unter dem Einfluß des Emulsins, eines ebenfalls in den bitteren Mandeln enthaltenen Stoffes, zerfällt unter Wasseraufnahme und Bildung von Blausäure, Bittermandelöl (= Benzaldehyd) und Traubenzucker.

Dargestellt wird freie Blausäure gewöhnlich durch Behandeln von Cyankalium mit verdünnten Säuren.

Wasserfreie Blausäure ist eine stark lichtbrechende, bewegliche Flüssigkeit, die schon bei 18° siedet. Sie besitzt einen eigentümlichen Geruch und ist ein furchtbares Gift.

Die nur schwachen Säurecharakter besitzende Blausäure bildet Salze, welche Cyanide heißen. Die wichtigsten Cyanide sind das Cyankalium KCN, Silbercyanid Ag CN und Quecksilbercyanid Hg (CN)$_2$. Für die Gruppe CN gebraucht man oft das Zeichen Cy.

Cyankalium wird aus dem Ferrocyankalium (s. unten) durch Glühen gewonnen:

$$K_4 \, Fe \, (CN)_6 = 4 \, KCN + Fe + 2 \, C + N_2$$

Ferro-   Cyan-   Eisen Kohl.- Stick-
cyankalium kalium   Stoff stoff

Es bildet weiße Kristalle, die leicht in Wasser löslich sind. Die wässerige Lösung reagiert alkalisch (Hydrolyse) und riecht nach Blausäure, weil schon die Kohlensäure der Luft darauf einwirkt. Es kommt in Stangenform in den Handel.

Silbercyanid. Versetzt man eine Lösung von Silber=
nitrat mit Cyankaliumlösung, so entsteht Silbercyanid.

$$Ag\,NO_3 + KCN = Ag\,CN + KNO_3$$

| Silber= | Cyan= | Silber= | Kalium= |
| nitrat | kalium | cyanid | nitrat |

Silbercyanid ist weiß, zum Unterschied von Chlorsilber
lichtbeständig; bei höherer Temperatur zerfällt es in Silber
und Cyan.

Quecksilbercyanid (Hydrargyrum cyanatum),
entsteht beim Erwärmen von Quecksilberoxyd mit Cyan=
kaliumlösung.

$$HgO + 2\,KCN + H_2O = Hg\,(CN)_2 + 2\,KOH$$

Quecksilber= Cyan= Wasser Quecksilber= Kalilauge
oxyd kalium oxyd

$Hg\,(CN)_2$ bildet weiße Krystalle und ist das einzige
in Wasser leicht lösliche einfache Schwermetallcyanid. Beim
Erhitzen für sich zerfällt es in Quecksilber und Cyan.

Ferrocyankalium ($K_4\,Fe\,(CN)_6 \cdot 3\,H_2O$) bildet sich
durch Versetzen einer Ferrosalzlösung mit überschüssiger
Cyankaliumlösung.

$$Fe\,Cl_2 + 2\,KCN = Fe\,(CN)_2 + 2\,KCl$$

| Eisen= | Cyan= | Ferro= | Chlor= |
| chlorid | kalium | cyanid | kalium |

$$Fe\,(CN)_2 + 4\,KCN = K_4\,Fe\,(CN)_6$$

Ferrocyanid Cyankalium Ferrocyankalium

Technisch stellt man diese Verbindungen aus stickstoff=
haltigen, organischen Abfällen wie Horn, Blut ꝛc. durch
Glühen mit Eisen, Pottasche und Auslaugen dar. Es
bildet sich erst beim Auslaugen, daher der Name Blut=
laugensalz. Jetzt gewinnt man es vorzugsweise aus der
gebrauchten Gasreinigungsmasse, die neben Ferrihydro=
xyd und Schwefel das bei der Steinkohlendestillation ent=
stehende Cyan enthält.

Ferrocyankalium, gelbes Blutlaugenſalz, bildet gelbe, in Waſſer lösliche Kriſtalle. Mit konz. Salzſäure entſteht Ferrocyanwaſſerſtoffſäure, ein weißes, kriſtalliniſches Pulver. Mit verdünnten Säuren in der Wärme entſteht Blauſäure, mit konzentrierter Schwefelſäure Kohlenoxyd.

$$K_4 \, Fe \, (CN)_6 + 6 \, H_2 \, SO_4 + 6 \, H_2 \, O$$
Ferrocyankalium Schwefelſäure Waſſer

$$= 2 \, K_2 \, SO_4 + Fe \, SO_4 + 3 \, (NH_4)_2 \, SO_4 + 6 \, CO$$
Kaliumſulfat Ferroſulfat Ammonſulfat Kohlenoxyd

Mit Salpeterſäure entſteht Nitropruſſidkalium:

$$K_4 \, Fe \, Cy_5 \, NO$$

Rote Kriſtalle, Reagens auf Schwefelalkalien.

Ferrocyankalium, gelbes Blutlaugenſalz, wird durch Chlor, Brom oder Kaliumpermanganat zu Ferricyankalium oxydiert.

$$K_4 \, Fe \, (CN)_6 + Cl = K_3 \, Fe \, (CN)_6 + KCl.$$

Ferricyankalium kriſtalliſiert in roten, waſſerfreien Prismen. In alkaliſcher Löſung wird es als Oxydationsmittel verwendet.

Ferrocyankalium gibt mit Ferriſalzen, Ferricyankalium mit Ferroſalzen blaue Niederſchläge, welche nicht nur analytiſche, ſondern auch techniſche Bedeutung beſitzen (Malerfarbe, Tapetendruck).

3. Cyanſäure und Iſocyanſäure.

Cyanſäure und Iſocyanſäure ſind zwei iſomere Verbindungen:

$$C{-}OH \atop {\equiv}N \qquad\qquad C{=}O \atop {=}N{-}H$$

Cyanſäure Iſocyanſäure

Die Cyanſäure entſteht beim Erhitzen der Cyanurſäure (ſ. S. 64). Sie bildet eine farbloſe Flüſſigkeit, die nur unterhalb $0°$ beſtändig iſt. Bei höherer Temperatur geht ſie unter ſehr lebhafter Reaktion über in ein Polymeres, das **Cyamelib**. Die fog. Cyanate find zum Teil Salze der Ifocyanfäure.

Aus Ammoniumcyanat entfteht beim Erhitzen Harnftoff (Wöhlers Synthefe):

$$H_4N - O - C \equiv N \quad \rightarrow \quad C = O \begin{smallmatrix} - NH_2 \\ \\ - NH_2 \end{smallmatrix}$$

Ammoniumcyanat   Harnftoff

4. Thiocyanfäure, Rhodanwafferftofffäure, HCNS.

Kocht man Cyankaliumlöfung mit Schwefel, fo entfteht Rhodankalium:

$$KCN + S = KCNS$$

Cyankalium   Rhodankalium

Die freie Rhodanwafferftofffäure (Thiocyanfäure) ift eine farblofe, ftechend riechende Flüffigkeit. Wichtiger find einige ihrer Salze, nämlich das **Rhodanammonium**, welches in der Maßanalyfe verwendet wird, dann das dunkelrote **Ferrirhodanib**, $Fe(CNS)_3$, welches zum Nachweis geringer Mengen von Ferrifalzen dient. Efter der Ifothiocyanfäure find die „**Senföle**":

$$C \begin{smallmatrix} \diagup N \cdot R \\ \diagdown S \end{smallmatrix}$$

Das aus dem fchwarzen Senffamen gewonnene Senföl ift **Allylfenföl**.

$$C \begin{smallmatrix} = N \cdot C_3 H_5 \\ = S \end{smallmatrix}$$

Farblofe, äußerft fcharf riechende Flüffigkeit. In Wein=geift gelöft (1 : 50) findet das Senföl Anwendung als **Spiritus Sinapis**.

5. Cyanurfäure, $C_3 H_3 N_3 O_3$.

Die Cyanurfäure befitzt diefelbe prozentifche Zufammen=fetzung, wie die aus ihr beim Erhitzen fich bildende

Cyanſäure, aber die dreifache Molekulargröße. Man kennt zwei Reihen iſomerer Eſter dieſer Säure:

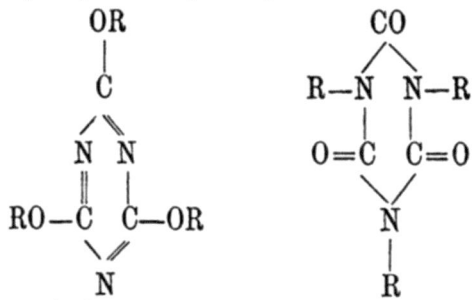

normale Cyanurſäureeſter   Iſocyanurſäureeſter

6. Chlorcyan, Bromcyan, Jodcyan.

Chlorcyan (Cyanchlorid), CNCl, bildet ſich bei der Einwirkung von Chlor auf wäſſerige Blauſäure. Es iſt bei gewöhnlicher Temperatur ein erſtickend riechendes, giftiges Gas, das ſich leicht in einen polymeren Körper, das Cyanurchlorid, umwandelt.

Bromcyan, CNBr und Jodcyan, CNJ, ſind feſte Körper von ſtechendem Geruch.

7. Cyanamid.

Cyanamid, $N \equiv C - NH_2$, iſt das Amid der Cyanſäure. Es verhält ſich wie eine Säure und bildet durch Erſatz ſeiner beiden Waſſerſtoffatome Salze. Das Calciumcyanamid, $N \equiv C \cdot N = Ca$, entſteht beim Überleiten von Stickſtoff über ſtark erhitztes Calciumkarbid:

$$CaC_2 + N_2 = CaCN_2 + C$$
$$\text{Calciumkarbid} \quad \text{Calciumcyanamid}$$

oder durch Glühen eines Gemiſches von Kalk mit Kohlepulver in einer Stickſtoffatmoſphäre. Das auf letztere Weiſe dargeſtellte, unreine Produkt wird als Kalkſtick=

stoff zum Düngen verwendet. Mit Wasser wird es zersetzt in Calciumkarbonat und Ammoniak.

$$Ca\,CN_2 + 3\,H_2\,O = Ca\,CO_3 + 2\,NH_3$$

Abkömmlinge der Kohlensäure.

1. Kohlensäurechlorid, Phosgen, $COCl_2$.

Kohlenoxyd vereinigt sich im Sonnenlicht oder in Gegenwart einer Kontaktsubstanz (Kohle) mit Chlor zu Phosgen, einem leicht zur Flüssigkeit verdichtbaren Gas von äußerst angreifendem, erstickendem Geruch. Phosgen ist eine sehr reaktionsfähige Verbindung, die zu manchen Synthesen technische Verwendung findet.

2. Kohlensäureester.

Obwohl die Kohlensäure eine zweibasische Säure ist, welche saure und neutrale Salze bildet, bekommt man von ihr keine primären (sauren) Ester, sondern nur neutrale.

Kohlensäureester entstehen durch Einwirkung von Alkoholen auf Phosgen, z. B.:

$$C{<}^{\boxed{Cl}\quad\boxed{H}OC_2H_5}_{\boxed{Cl}\quad\boxed{H}OC_2H_5}{=}O = C{<}^{OC_2H_5}_{OC_2H_5}{=}O + 2\,HCl$$

Phosgen   Äthylalkohol   Kohlensäureäthylester

Als Zwischenprodukte bilden sich dabei die Chlorkohlensäureester:

$$C{<}^{\boxed{Cl+H}OC_2H_5}_{Cl}{=}O = C{<}^{OC_2H_5}_{Cl}{=}O + HCl$$

Phosgen   Äthylalkohol   Chlorkohlensäureäthylester

Man kennt auch Ester von der in freiem Zustand unbekannten Orthokohlensäure, $C\,(OH)_4$, z. B.:

$$C \begin{cases} - OC_2H_5 \\ - OC_2H_5 \\ - OC_2H_5 \\ - OC_2H_5 \end{cases}$$

Orthokohlensäureäthylester.

3. Amide der Kohlensäure.

Das Diamid der Kohlensäure ist der Harnstoff:

$$C = O \underset{\diagdown NH_2}{\overset{\diagup NH_2}{}}$$

eine Verbindung, welche im Harn zu 3—4% enthalten ist. Synthetisch läßt sich Harnstoff darstellen durch Einwirkung von Ammoniak auf Phosgen oder auf Kohlensäureester:

$$C \overset{\diagup \boxed{Cl \quad H}NH_2}{\underset{\diagdown \boxed{Cl \quad H}NH_2}{= O +}} = C \overset{\diagup NH_2}{\underset{\diagdown NH_2}{= O}} + 2\,HCl$$

Phosgen   Harnstoff

$$C \overset{\diagup \boxed{OR \quad H}NH_2}{\underset{\diagdown \boxed{OR \quad H}NH_2}{= O +}} = C \overset{\diagup NH_2}{\underset{\diagdown NH_2}{= O}} + 2\,HOR$$

Kohlensäureester   Harnstoff

Historisch wichtig ist die Wöhlersche Synthese aus Ammoniumcyanat (s. S. 64), die erste Synthese (1828) eines Stoffes aus der organisierten Welt.

Harnstoff bildet weiße Kristalle, die in Wasser sehr leicht löslich sind. Er besitzt basische Natur und liefert mit Säuren Salze. Das Nitrat $CO(NH_2)_2 \cdot HNO_3$ ist schwer löslich, ebenso das Oxalat $CO(NH_2)_2 \cdot C_2H_2O_4$.

Beim Erhitzen spaltet der Harnstoff Ammoniak ab und bildet Biuret:

$$CO \begin{matrix} \diagup NH_2 \\ \diagdown \boxed{NH_2 \quad H}NH \end{matrix} \begin{matrix} H_2N \\ \diagup \\ \diagdown \end{matrix} CO$$

$$= H_2N \cdot CO \cdot NH \cdot CO \cdot NH_2 + NH_3$$

Biuret

Bei längerem Erhitzen erfolgt zwischen Biuret und Harnstoff neuerdings eine Ammoniakabspaltung und es bildet sich Cyanursäure:

$$NH \begin{matrix} \diagup CO - \boxed{N\,H_2\,H}NH \diagdown \\ \\ \diagdown CO - \boxed{N\,H_2\,H}NH \diagup \end{matrix} CO$$

Biuret　　　　Harnstoff

$$= NH \begin{matrix} CO - NH \\ \diagup \qquad \diagdown \\ \\ \diagdown \qquad \diagup \\ CO - NH \end{matrix} CO + 2\,NH_3$$

Cyanursäure

Beim Kochen mit verdünnten Alkalilaugen wird der Harnstoff verseift unter Bildung von Kohlensäure und Ammoniak:

$$CO\,(NH_2)_2 + H_2O = CO_2 + 2\,NH_3.$$

Durch salpetrige Säure oder Natriumhypobromit wird Harnstoff in Kohlensäure und Stickstoff zerlegt.

$$CO \begin{matrix} \diagup NH_2 \\ \diagdown NH_2 \end{matrix} + 2\,NaOBr$$

$$CO_2 + N_2 + 3\,NaBr + 2\,H_2O.$$

Aus der Menge des entwickelten Stickstoffs läßt sich die Menge des zersetzten Harnstoffs berechnen.

Das Monoamid der Kohlensäure ist die Carbaminsäure, $NH_2 \cdot COOH$. In freiem Zustand ist

dieſe Säure nicht bekannt, doch kennt man Salze und
Eſter davon. Das Ammoniumſalz bildet ſich beim Zu=
ſammentreffen von Ammoniak mit Kohlendioxyd in Ab=
weſenheit von Waſſer:

$$CO_2 + 2\,NH_3 = C = O \genfrac{}{}{0pt}{}{\diagup ONH_4}{\diagdown NH_2}$$

Die Eſter der Carbaminſäure werden Urethane
genannt, z. B.:

$$C = O \genfrac{}{}{0pt}{}{\diagup OC_2H_5}{\diagdown NH_2}$$

Urethan

Äthylurethan findet arzneiliche Verwendung und bildet
farbloſe Kriſtalle. Acylierte, d. h. mit Säureresten ſub=
ſtituierte Harnſtoffe werden als Ureïde bezeichnet.
Wichtige Ureïde ſind:

die Barbiturſäure
(Diureïd der Malonſäure),
$$CO \genfrac{}{}{0pt}{}{\diagup NH - CO}{\diagdown NH - CO} > CH_2$$

das Alloxan
(Diureïd der Meſoxalſäure),
$$CO \genfrac{}{}{0pt}{}{\diagup NH - CO}{\diagdown NH - CO} > CO$$

die Parabanſäure
(Diureïd der Oxalſäure).
$$CO \genfrac{}{}{0pt}{}{\diagup NH - CO}{\diagdown NH - CO}$$

Subſtitutionsprodukte des Harnſtoffs ſind ferner der
Thioharnſtoff und das Guanidin.

Thioharnſtoff (Sulfoharnſtoff) $S = C \genfrac{}{}{0pt}{}{NH_2}{NH_2}$ bildet
ſich (in Analogie mit der Wöhlerſchen Harnſtoffſyntheſe)
beim Erhitzen von Ammoniumthiocyanat:

$$NH_4 S \cdot CN = CS(NH_2)_2$$

Ammoniumthiocyanat   Thioharnstoff

$$\text{Guanidin, } C = \begin{array}{l} NH_2 \\ NH \\ NH_2 \end{array} \text{ ist Imidoharnstoff.}$$

Es ist eine starke, einsäurige Base und verbindet sich direkt mit Säuren.

4. Schwefelkohlenstoff und Kohlenstoffoxysulfid.

Schwefelkohlenstoff, CS_2, entsteht beim Überleiten von Schwefeldampf über glühende Kohlen. Er bildet eine sehr leicht bewegliche farblose Flüssigkeit, welche bei 46^0 siedet und giftig wirkt. In ganz reinem Zustand besitzt er nur schwachen Geruch, während das unreine Handels=präparat äußerst widerlich riecht. Er ist für viele Sub=stanzen (z. B.: Phosphor, Jod auch für Schwefel) ein gutes Lösungsmittel.

Mit Alkalisulfiden vereinigt er sich unter Bildung von Thiokarbonaten, z. B.:

$$CS_2 + K_2 S = CS_3 K_2$$

Kaliumthiokarbonat

Durch Anlagerung von Kaliumalkoholat entsteht das Kaliumsalz der Xanthogensäure:

$$CS_2 + KOC_2 H_5 = C = \begin{array}{l} OC_2 H_5 \\ SK \end{array}$$

Xanthogensaures Kalium

Kohlenstoffoxysulfid, $C \big\langle \begin{array}{l} S \\ O \end{array}$ ist ein farbloses, unangenehm riechendes Gas, das bei der Verseifung von Rhobaniden mit verdünnter Schwefelsäure entsteht:

$$HCNS + H_2 O = COS + NH_3.$$

Harnſäuregruppe.

Die Verbindungen der Harnſäuregruppe ſind phyſio=
logiſch ſehr wichtig. Sie laſſen ſich alle ableiten von
einem Kohlenſtickſtofffern Purin, einer Verbindung
der Formel:

$$\begin{array}{ccc}
N = CH & & \\
| \quad | & & \\
HC \quad C - NH & & \\
\| \quad \| & \searrow CH \\
N - C - N & & \\
\end{array}$$

Purin

Die wichtigſten Derivate des Purins ſind:

$$\begin{array}{cc}
NH - CO & NH - CO \\
| \quad | & | \quad | \quad \nearrow CH_3 \\
CO \quad C - NH & CO \quad C - N \\
| \quad \| \searrow CO & | \quad \| \quad \searrow CH \\
NH - C - NH & CH_3 \cdot N - C - N \\
\end{array}$$

Harnſäure   Theobromin
(Trioxypurin)   (Dimethyldioxypurin)

$$\begin{array}{c}
CH_3 \cdot N - CO \\
| \quad | \quad \nearrow CH_3 \\
CO \quad C - N \\
| \quad \| \quad \searrow CH \\
CH_3 \cdot N - C - N \\
\end{array}$$

Kaffeïn, Theïn
(Trimethyldioxypurin)

Die Harnſäure hat ihren Namen vom Vorkommen
im Harn. In viel größeren Mengen iſt ſie enthalten in
den Exkrementen der Vögel und beſonders der Schlangen.
Sie iſt eine zweibaſiſche Säure, welche neutrale und ſaure
Salze bildet, z. B.: $C_5 H_2 O_3 N_4 Na_2$ und $C_5 H_3 O_3 N_4 Na$.

Theobromin ist ein Bestandteil des Kakaos, Kaffeïn (Theïn) kommt im Kaffee, im Tee und Mate (Paraguay=Tee) vor.

Terpene.

Terpene bilden den wesentlichen Bestandteil der ätherischen Öle. Sie kommen vielfach im Pflanzenreich vor und leiten sich alle vom Menthan ab. Das Menthan selbst ist ein hydriertes Cymol (siehe dieses).

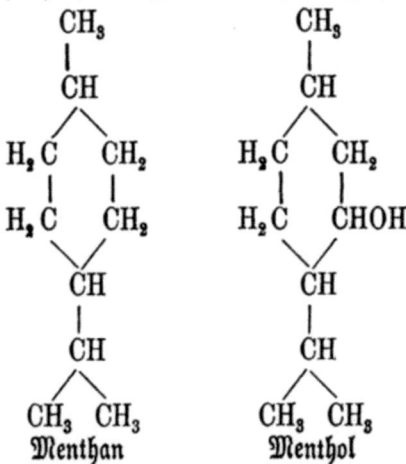

Menthan   Menthol

Von den Methanderivaten alkoholischer Natur ist von Bedeutung das Menthol, der Hauptbestandteil des Pfefferminzöles. Durch Oxydation geht es über in Menthon, ein Keton, welches ebenfalls im Pfeffer= minzöl enthalten ist.

Ein wichtiger Kohlenwasserstoff ist das Pinen, der Hauptbestandteil des Terpentinöls. Wenn man unter Kühlung Chlorwasserstoffgas in Terpentinöl einleitet, so scheidet sich ein Anlagerungsprodukt von Salzsäure an Pinen ($C_{10}H_{16} \cdot HCl$) aus, welches äußerlich dem Kampfer ähnlich ist und als Kunstkampfer bezeichnet wird.

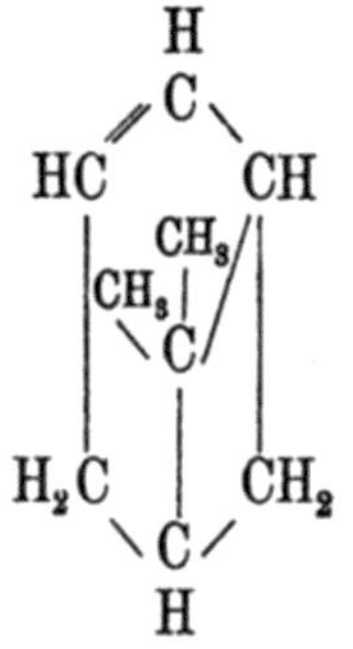

$$
\begin{array}{c}
H \\
\parallel \\
C \\
\diagup \quad \diagdown \\
HC \qquad CH \\
\\
CH_3 \\
\mid \\
CH_3 \; C \\
\\
H_2C \qquad CH_2 \\
\diagdown \quad \diagup \\
C \\
\mid \\
H
\end{array}
$$

Pinen

Der **Kampfer** selbst ist ein Keton. Er wird ge=
wonnen durch Behandlung des Holzes vom Kampferbaum
mit Wasserdampf. Er bildet eine äußerst charakteristisch
riechende, beim Erhitzen sublimierende, mürbe, farblose
Kristallmasse. Im Wasser ist er sehr wenig löslich, in
Alkohol reichlich (Spiritus camphoratus).

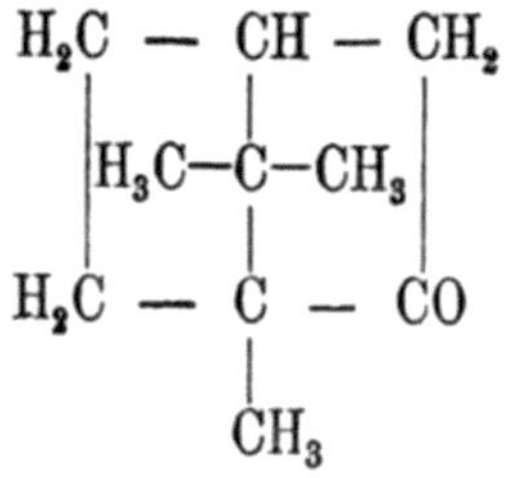

$$
\begin{array}{c}
H_2C \;-\; CH \;-\; CH_2 \\
\mid \quad H_3C\!-\!C\!-\!CH_3 \quad \mid \\
H_2C \;-\; C \;-\; CO \\
\mid \\
CH_3
\end{array}
$$

Kampfer

Man kann Kampfer auch synthetisch darstellen. Kampfer
wird in der Medizin angewendet. Seiner technischen Ver=
wendung zur Darstellung von Celluloid wurde schon Er=
wähnung getan.

Mit Salpetersäure erhitzt, bildet der **Kampfer** die
Kampfersäure, eine zweibasische Säure, die in Wasser
löslich ist.

Kautschuk.

Kautschuk ist der eingedickte Milchsaft verschiedener tropischer Bäume. In reinem Zustand besitzt er die Formel $(C_5H_8)_x$; seine Molekulargröße und Konstitution ist nicht bekannt. Künstlich läßt sich Kautschuk aus Isopren erhalten, einem ungesättigten Kohlenwasserstoff, der bei der trockenen Destillation von Kautschuk entsteht. Erhitzt man z. B. Isopren mit verdünnter Salzsäure einige Zeit unter Druck, so entsteht Kautschuk. Da es für das Isopren aber keine billige Darstellungsweise gibt, ist der künstliche Kautschuk noch nicht Handelsartikel. Da der Kautschuk schon bei ziemlich niedriger Temperatur erweicht, wird er „vulkanisiert", indem man ihn entweder bei erhöhter Temperatur direkt mit Schwefel durchmengt oder ihn mit einer Lösung von Schwefel in Chlorschwefel behandelt. Das dabei entstehende Produkt, vulkanisierter Kautschuk, besitzt noch die Elastizität des Kautschuks, ist aber gegen Wärme 2c. viel weniger empfindlich. Durch sehr starkes Vulkanisieren entsteht Hartgummi (Ebonit). Kautschuk leitet die Elektrizität nicht. Diese Eigenschaft macht ihn für gewisse Zwecke sehr wertvoll.

$$H_2C \quad\quad CH_2$$
$$\diagdown \quad \diagup$$
$$C$$
$$|$$
$$CH$$
$$\|$$
$$CH_2$$

Isopren

Aromatische Verbindungen.
(Benzolderivate.)

Konstitution des Benzols.

Das Benzol ist ein cyklischer ungesättigter Kohlen=
wasserstoff von der Formel C_6H_6. Von den für das
Benzol vorgeschlagenen Konstitutionsformeln sind die
wichtigsten die von Kekulé und die von Baeyer.

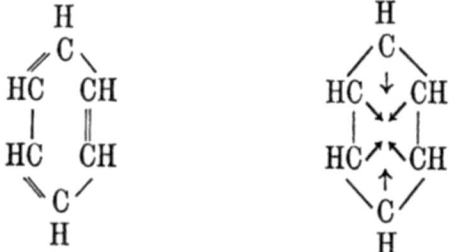

Kekulés Benzolformel   v. Baeyers Benzolformel

Nach Kekulé ist das Benzol aufzufassen als ring=
förmiger Kohlenwasserstoff mit drei Doppelbindungen. Da
das Benzol aber die wichtigsten Eigenschaften der Ver=
bindungen mit doppelter Bindung, das Additionsver=
mögen, nicht zeigt, nimmt Baeyer an, daß die vierten
Valenzen aller Kohlenstoffatome des Ringes nach der
Mitte des Benzolringes gerichtet sind und sich gegenseitig
absättigen. Für das Vorhandensein einer derartigen be=
sonderen Struktur spricht auch das allgemeine, von den
aliphatischen Kohlenwasserstoffen vielfach abweichende Ver=
halten des Benzols und seiner Homologen.

Als Symbol für den Benzolring dient beim Formulieren der Benzolderivate allgemein ein einfaches Sechseck.

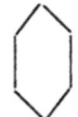

Symbol für das Benzol

Das Rohmaterial für die Gewinnung der aromatischen Kohlenwasserstoffe ist der Steinkohlenteer, der bei der trockenen Destillation der Steinkohle entsteht.

Bei der trockenen Destillation der Steinkohle entstehen neben Koks drei verschiedene Hauptprodukte:

1. gasförmige Substanzen,
2. wässerige Flüssigkeit,
3. Steinkohlenteer.

1. Die entwickelnden Gase finden, nach ver= schiedenen Reinigungsoperationen, Verwendung als Leucht= gas. Ihrer direkten Verwendung steht hindernd entgegen ein Gehalt an Schwefelwasserstoff und Schwefelkohlenstoff, Cyanwasserstoff und andere Cyanverbindungen. Diese schäd= lichen Beimengungen werden durch Überleiten des Gases über Eisenhydroxyd, gelöschten Kalk und Sägemehl entfernt. Diese Masse nennt man Lamingsche Gasreinigungsmasse.

Die Zusammsetzung des Leuchtgases schwankt. Haupt= bestandteile sind:

Wasserstoff (etwa 50 Volumprozent),
Methan   („ 35   „   ),
Kohlenoxyd („   8   „   ),
Äthylen, Acetylen, Benzol, Napthalin (zusammen etwa 4 Volumprozent), Kohlensäure und Stickstoff (etwa 3 Volumprozent).

2. Das sog. Gaswasser enthält viel Ammoniak und wird auf Ammoniumsalze verarbeitet.

3. Der Steinkohlenteer enthält eine große Anzahl wichtiger organischer Verbindungen, und zwar solche neutraler, saurer und basischer Natur. Die Aufarbeitung des Teeres wird folgendermaßen ausgeführt: Zunächst wird der rohe Teer, der durch Kohleteilchen schwarz gefärbt ist, einer einfachen Destillation unterworfen, wobei er bis auf etwa 400° erhitzt wird. Dabei bleibt als schwarzer Rückstand das Pech. Die bei der Destillation übergegangene Flüssigkeit wird dann einer fraktionierten Destillation unterworfen, wobei vier gesonderte Fraktionen aufgefangen werden:

1. Fraktion: bis 150° Leichtöl,
2.   „   150—210° Mittelöl oder Carbolöl,
3.   „   210—270° Schweröl oder Kreosotöl.
4.   „   270—400° Anthracenöl.

Das Leichtöl enthält als wichtigste Bestandteile Benzol, Toluol und Xylol. Es wird zur Entfernung von Säuren mit Natronlauge, von Basen mit konzentrierter Schwefelsäure behandelt und dann durch Rektifikation mit Kolonnenapparaten in die genannten Kohlenwasserstoffe geschieden.

Aus dem Mittelöl werden Naphtalin und Phenol als Hauptbestandteile isoliert.

Das Schweröl enthält hauptsächlich Kresole, außerdem viele andere Substanzen. Es wird zum Imprägnieren von Holz verwendet.

Aus Anthracenöl wird als wichtigster Bestandteil Anthracen gewonnen.

Benzolkohlenwasserstoffe.

Die Homologen des Benzols lassen sich synthetisch nach folgenden Methoden erhalten:

1. Methode von Fittig. Man erhitzt ein Gemisch von Brombenzol und Alkyljodid mit metallischem Natrium.

$$\langle\!\!\rangle - \boxed{\begin{array}{cc} Br & J \\ + & \\ Na & Na \end{array}} C_2H_5 = \langle\!\!\rangle - C_2H_5 + NaBr + NaJ$$

Brombenzol, Jodäthyl　　　　　Äthylbenzol

2. **Methode von Friedel und Crafts.** Man trägt in ein Gemisch von Benzol und einem Alkylchlorid wasserfreies Aluminiumchlorid ein.

$$\langle\!\!\rangle + ClC_2H_5 = \langle\!\!\rangle - C_2H_5 + HCl.$$

Die Rolle, welche das Aluminiumchlorid dabei spielt, ist nicht ganz aufgeklärt. Gewöhnlich wird angenommen, daß das Aluminiumchlorid nur als Kontaktsubstanz wirkt.

3. **Methode der Kalkfalzdestillation.** Benzolkohlenwafferstoffe entstehen bei der trockenen Destillation der Calciumsalze aromatischer Säuren mit Natronkalk.

$$C_6H_5 \cdot COOH + CaO = C_6H_6 + CaCO_3$$

Benzolkarbonfäure　　　　　Benzol
(Benzoëfäue)

Im Großen werden aromatische Kohlenwafferstoffe bei der trockenen Destillation der Steinkohle (Leuchtgasfabrikation, Koterei) gewonnen (f. S. 77).

Die wichtigsten Benzolkohlenwafferstoffe sind die folgenden:

Benzol $\langle\!\!\rangle$ Füffigkeit, leicht entzünblich, Löfungs-
(C_6H_6) mittel für Fette und Harze.

Toluol (Methyl- $\langle\!\!\rangle - CH_3$ Flüffigkeit, ebenfalls als
benzol) ($C_6H_5CH_3$) Löfungsmittel vielfach gebraucht.

Xylol (Dimethylbenzol) $C_6H_4(CH_3)_2$. Auf Grund der möglichen Isomerien existieren drei verschiedene Xylole, die als ortho=, meta= und para=Xylol unterschieden werden.

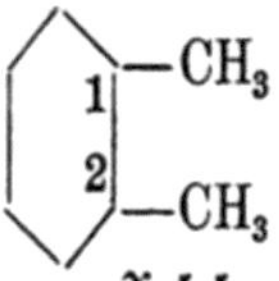

o-Xylol

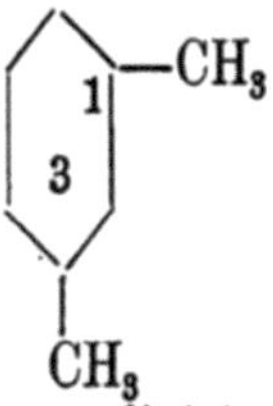

m-Xylol

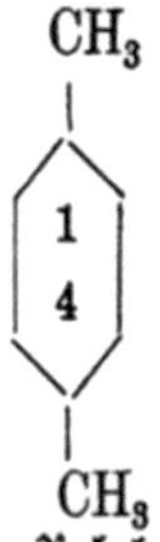

p-Xylol

Ganz allgemein werden Disubstitutionsprodukte, welche die Substituenten in 1,2 Stellung haben, als ortho= Derivate, diejenigen mit Substituenten in 1,3 und 1,4 Stellung als meta= bzw. para=Derivate bezeichnet.

Mesitylen (Trimethyl=benzol) $(C_6H_3[CH_3]_3)$

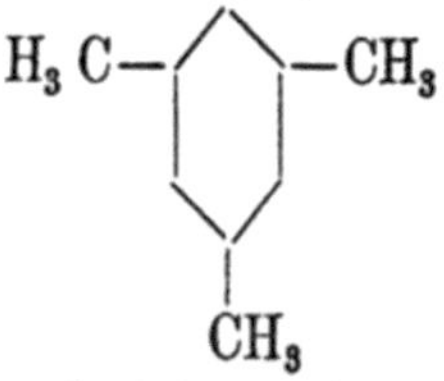

Beim Trimethylbenzol sind ebenfalls drei Isomere möglich. Je nach der gegenseitigen Stellung der drei Substituenten spricht man von vicinaler, symmetrischer und asymmetrischer Substitution:

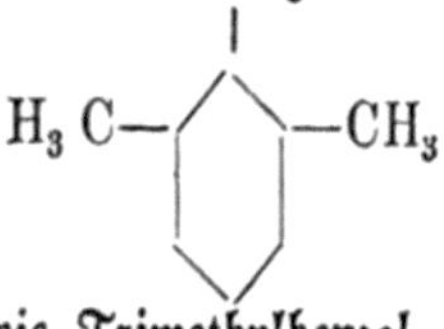

vic. Trimethylbenzol

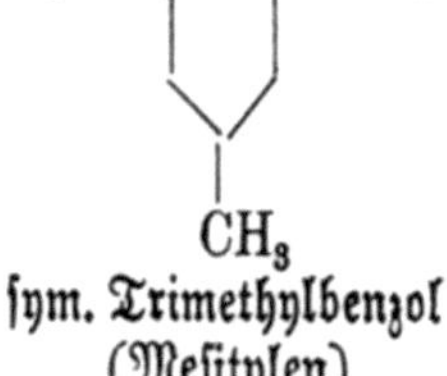

sym. Trimethylbenzol (Mesitylen)

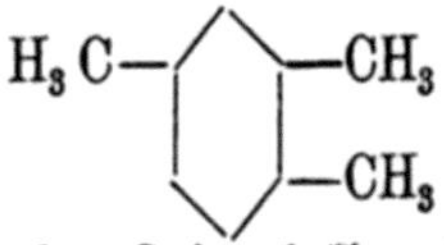

H₃C—⟨ ⟩—CH₃
　　　　　—CH₃

asym. Trimethylbenzol

Cumol (Ifopropylbenzol,　⟨ ⟩—C⟨CH₃ / CH₃
(C₆H₅ · CH[CH₃]₂)　　　　　　　|
　　　　　　　　　　　　　　　H

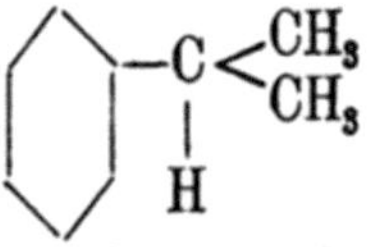

Xylol, Mesitylen und Cumol sind ebenfalls Flüssigkeiten, welche einen eigentümlichen Geruch besitzen. Letztere Verbindung findet sich im ätherischen Öl des römischen Kümmels.

Halogenverbindungen der Benzolkohlenwafferstoffe.

Nach der Keküléschen Benzolformel (s. S. 75) enthält das Molekül Benzol drei doppelte Bindungen. Während aliphatische Verbindungen Halogene glatt abbieren unter Bildung von einfachen Bindungen, wirkt Chlor und Brom substituierend auf das Benzol ein, z. B.:

$$C_6H_6 + Cl_2 = C_6H_5Cl + HCl$$
Benzol　　　　　　Monochlorbenzol.

Nur wenn man Chlor in hellem Sonnenlicht auf Benzol einwirken läßt, entsteht schließlich eine Additionsverbindung, nämlich Benzolhexachlorid:

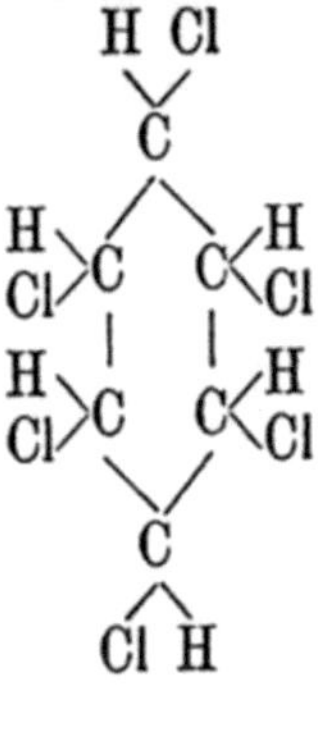

H Cl
＼／
C
／＼
H＼ ／H
Cl C　C Cl
|　　|
H＼ ／H
Cl C　C Cl
＼／
C
／＼
Cl H

Benzolhexachlorid ist eine schön kristallisierende Substanz. Jodbenzol läßt sich nicht direkt aus Benzol und dem Halogen gewinnen. Man stellt es auf indirektem Weg über Diazobenzolchlorid dar (siehe dort).

Bei Kohlenwafferstoffen mit Seitenketten kann Chlor und Brom entweder in die Seitenkette oder in den „Kern" eintreten:

$$C_6H_5 \cdot CH_2Cl \qquad\qquad C_6H_4Cl \cdot CH_3$$
Benzylchlorid   Monochlortoluol

Seitenkettensubstitution tritt ein: Bei Einwirkung des Halogens in der Hitze und ebenso im direkten Sonnenlicht. Kernsubstitution erfolgt, wenn man das Halogen bei niederer Temperatur (besonders in Gegenwart eines Halogenüberträgers, wie Jod, Ferrichlorid) einwirken läßt.

Charakteristisch für die im Kern halogenierten Verbindungen ist, daß in ihnen das Halogen außerordentlich fest gebunden ist. Kocht man z. B. Chlorbenzol mit Kalilauge, so wird es nicht verändert. Benzylchlorid dagegen tauscht unter diesen Umständen das Halogen glatt aus gegen eine Hydroxylgruppe:

$$\bigcirc\!\!-CH_2Cl + HONa = \bigcirc\!\!-CH_2OH + NaCl$$

Benzylchlorid   Benzylalkohol

Bei den mehrfach halogenierten Benzolkohlenwasserstoffen sind viele Isomerien möglich; z. B. existieren drei Dichlorbenzole:

o-Dichlorbenzol   m-Dichlorbenzol   p-Dichlorbenzol

Technisch wichtig sind die drei Chlorierungsprodukte des Toluols: $C_6H_5 \cdot CH_2Cl$, Benzylchlorid. $C_6H_5 \cdot CHCl_2$, Benzalchlorid. $C_6H_5 \cdot CCl_3$, Benzotrichlorid. Alle drei sind Flüssigkeiten.

Phenole.

Die im Kern durch Hydroxylgruppen substituierten aromatischen Kohlenwasserstoffe werden „Phenole" genannt nach dem einfachsten Glied der Reihe, dem Mono=hydroxyl=Benzol, dem eigentlichen P h e n o l:

$$OH$$

Bei Eintritt einer OH=Gruppe spricht man von einem einwertigen Phenol, bei Eintritt von zwei OH=Gruppen von einem zweiwertigen Phenol usw.

Bei den höheren Phenolen spielt die Isomerie eine Rolle. So existieren drei zweiwertige Phenole:

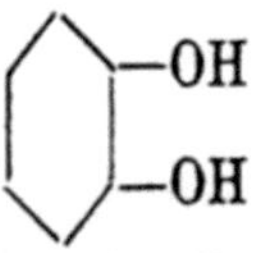

Brenzkatechin
(o-Dioxy=
benzol)

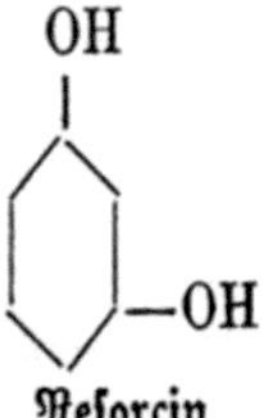

Resorcin
(m-Dioxybenzol)

Hydrochinon
(p-Dioxybenzol)

Resorcin findet wegen seiner antiseptischen Eigen=schaften in der Chirurgie Verwendung; Hydrochinon wird als photographischer Entwickler gebraucht.

Die breiwertigen Phenole sind:

$$
\begin{array}{c}
\text{OH} \\
\text{HO—} \bigcirc \text{—OH}
\end{array}
\qquad
\begin{array}{c}
\text{HO—} \bigcirc \text{—OH} \\
\text{OH}
\end{array}
\qquad
\begin{array}{c}
\text{HO—} \bigcirc \text{—OH} \\
\text{—OH}
\end{array}
$$

Pyrogallol Phloroglucin Oryhydrochinon
(vic. Trioxybenzol) (sym. Trioxybenzol) (asym. Trioxybenzol)

Von den höheren Phenolen ist noch das **Hexaoxybenzol** zu erwähnen, welches entsteht, wenn man Kohlenoxyd über erhitztes Kalium leitet und das entstehende Hexaoxybenzolkalium mit Salzsäure zerlegt.

$$
\begin{array}{c}
\text{OH} \\
\text{HO—} \bigcirc \text{—OH} \\
\text{HO—} \quad \text{—OH} \\
\text{OH}
\end{array}
$$

Alle Phenole sind feste, kristallisierte Körper.

Die Phenole sind Analoge der tertiären Alkohole der Fettreihe. Sie unterscheiden sich aber von diesen dadurch, daß sie schwachen Säurecharakter besitzen und dementsprechend in wässerigen Lösungen mit starken Basen Salze („Phenolate") bilden.

$$C_6 H_5 OH + HONa = C_6 H_5 ONa + H_2 O$$

Phenol   Phenolnatrium

(Die „Alkoholate" bilden sich nur bei Ausschluß von Wasser und zerfallen in Berührung mit demselben.)

Die Salze der Phenole werden schon durch die Kohlensäure zerlegt, z. B.:

$$2 C_6 H_5 ONa + CO_2 + H_2 O = 2 C_6 H_5 OH + Na_2 CO_3.$$
Phenolnatrium   Phenol

Diese Reaktion beweist die schwache Säurenatur des Phenols. Wie Alkohole bilden die Phenole Äther, von denen die wichtigsten sind:

Anisol (Phenylmethyläther) $C_6 H_5 \cdot O \cdot CH_3$,
Phenetol (Phenyläthyläther) $C_6 H_5 \cdot O \cdot C_2 H_5$,
Phenyläther (Diphenyläther) $C_6 H_5 \cdot O \cdot C_6 H_5$,
Guajakol (Monomethyläther des Brenzkatechins)
$$C_6 H_4 (OH) (OCH_3).$$

In Übereinstimmung mit den tertiären Alkoholen lassen sie sich nicht zu Aldehyden und Carbonsäuren oxydieren. Mit Eisenchlorid geben sie charakteristische Färbungen.

Phenol (Karbolsäure), $C_6 H_5 OH$. Das Phenol ist ein wichtiger Bestandteil des bei der Steinkohlendestillation (s. S. 77) entstehenden Teeres. In reinem Zustande bildet es eine weiße, hautzerstörende Kristallmasse, die sich aus unbekannten Gründen, wahrscheinlich infolge geringer Verunreinigungen, meistens rötet. Es schmilzt bei 39°, besitzt einen eigentümlichen Geruch und löst sich in 15 Teilen Wasser zu einer klaren Flüssigkeit. Mit 10 Teilen Wasser verflüssigen sich 100 Teile Phenol (Acidum carbolicum liquefactum). Es löst sich ferner in Alkohol und Glyzerin. Bromwasser erzeugt auch mit sehr verdünnten Lösungen einen weißen Niederschlag von Tribromphenol (Bromol). Über die Einwirkung von Salpetersäure s. S. 89, von Schwefelsäure s. S. 87. Wegen seiner starken Bakterien tötenden, Fäulnis verhindernden Wirkung ist Phenol ein wichtiges Antiseptikum.

Von den übrigen Phenolen sind wichtig Brenzkatechin, Hydrochinon und Pyrogallol, da sie vorzugsweise als photographische Entwickler Verwendung finden; Resorcin wird auch arzneilich verwendet.

Die Monohydroxyltoluole werden als „Kresole" be=
zeichnet, und zwar hat man hier wieder zwischen der
Ortho=, Meta= und Paraverbindung zu unterscheiden:

$$CH_3 \quad \overset{\longrightarrow}{} \quad CH_3 \quad \overset{\longrightarrow}{} \quad CH_3$$

o-Kresol   m-Kresol   p-Kresol

Die sog. rohe Carbolsäure des Handels, Acidum
carbolicum crudum, welche als Desinfektionsmittel Anwendung findet, enthält kein oder nur ganz geringe Mengen
von Phenol, dagegen hauptsächlich Kresole.

Aromatische Alkohole.

Wenn ein Benzolderivat eine Hydroxylgruppe in einer
Seitenkette enthält, so verhält sich die Verbindung wie
ein aliphatischer Alkohol. Der einfachste Vertreter dieser
Körperklasse ist der Benzylalkohol:

$$-C\begin{matrix} H \\ H \\ OH \end{matrix}$$

Er enthält eine primäre Alkoholgruppe und läßt sich leicht
zum Aldehyd und zur Säure oxydieren:

$$-C\begin{matrix} -H \\ -H \\ -OH \end{matrix} \qquad -C\begin{matrix} H \\ O \end{matrix} \qquad -C\begin{matrix} =O \\ -OH \end{matrix}$$

Benzylalkohol   Benzaldehyd   Benzoësäure

Benzylalkohol ist flüssig. Die aromatischen Alkohole bilden ganz wie die aliphatischen Ester und Äther, z. B.:

$$C_6 H_5 \cdot CH_2 \boxed{OH + H} OOC \cdot CH_3$$
Benzylalkohol   Essigsäure

$$C_6 H_5 \cdot CH_2 \boxed{OH + H} OCH_3$$
Benzylalkohol   Methylalkohol

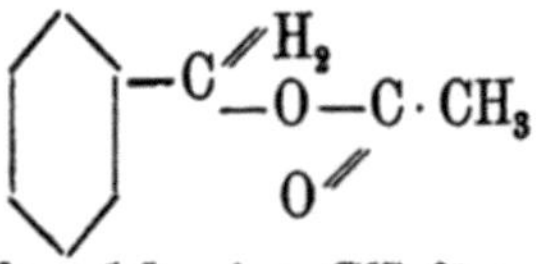

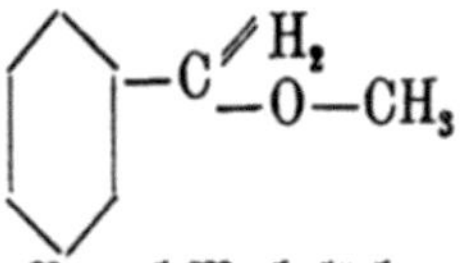

Benzylester der Essigsäure   Benzyl=Methyläther

Als Ester der Benzoësäure bzw. Zimtsäure kommt der Benzylalkohol im Peru= und Tolubalsam vor.

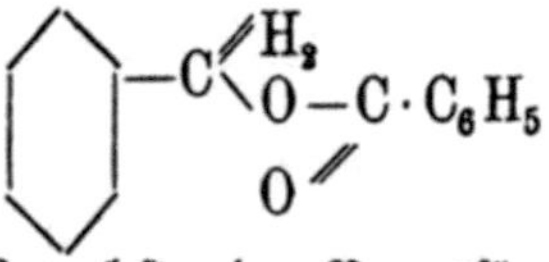

Benzylester der Benzoësäure

Sulfosäuren.

Während die Kohlenwasserstoffe der Fettreihe von konz. Schwefelsäure nicht angegriffen werden, bilden aromatische Verbindungen Sulfosäuren, z. B.:

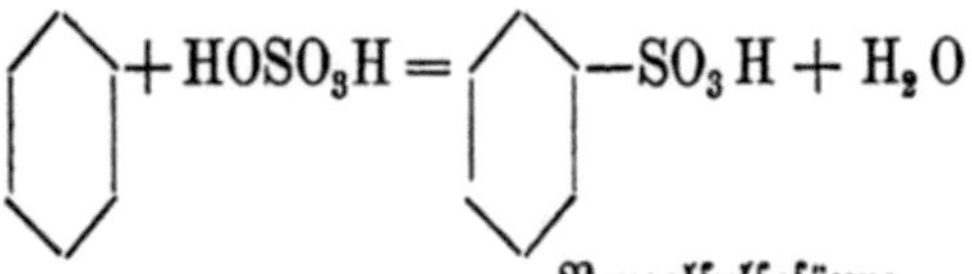

Benzolsulfosäure

Noch leichter als bei den aromatischen Kohlenwasser= stoffen selbst vollzieht sich die Bildung von Sulfosäuren (das sog. „Sulfonieren" oder „Sulfurieren") bei ge= wissen Substitutionsderivaten, z. B. beim Phenol. Wenn man Phenol in starker Schwefelsäure löst, entsteht sogleich ein Gemenge von p- und o-Phenolsulfosäure,

$$\text{o-Phenolsulfosäure} \qquad \text{p-Phenolsulfosäure.}$$

Wichtig wegen seiner Verwendbarkeit zur Darstellung wertvoller Farbstoffe ist das Sulfurierungsprodukt des Anilins (Aminobenzols), die sog. Sulfanilsäure:

$$\text{Sulfanilsäure} = \text{p-Aminobenzolsulfosäure.}$$

Beim Verschmelzen mit Ätzkali liefern die Salze der Sulfosäuren Phenole:

$$\text{SO}_3\text{H} + \text{KOH} = \text{—OH} + \text{K}_2\text{SO}_3$$

Beim Erhitzen mit Cyankalium entstehen Nitrile:

$$\text{—SO}_3\text{K} + \text{KCN} = \text{—C} \equiv \text{N} + \text{K}_2\text{CO}_3$$

Benzonitril

Überhitzter Wasserdampf spaltet die Sulfosäuren in Kohlenwasserstoff und Schwefelsäure:

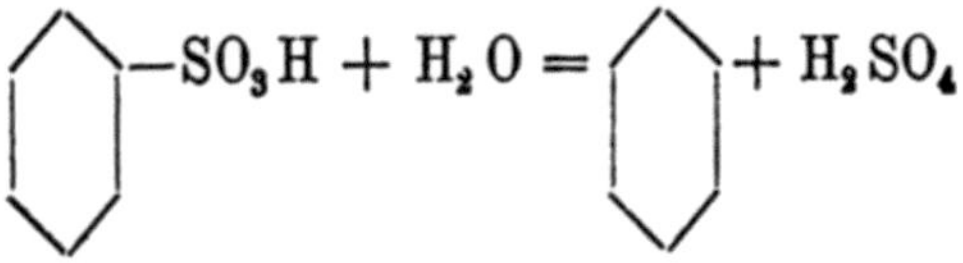

$$\bighexagon\!-SO_3H + H_2O = \bighexagon + H_2SO_4$$

Die Einwirkung von Phosphorpentachlorid führt zur Bildung der sog. Sulfochloride:

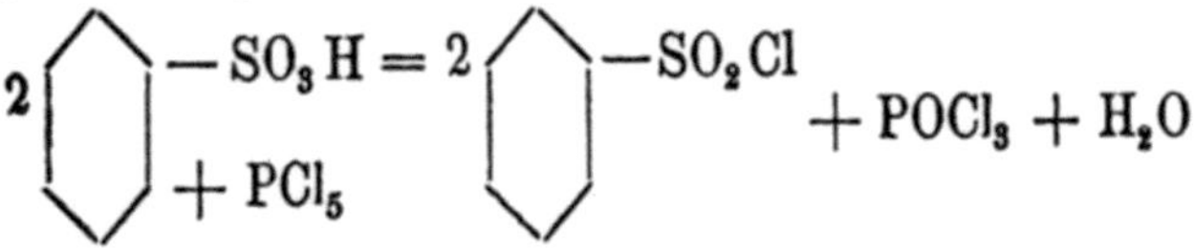

$$2\,\bighexagon\!-SO_3H = 2\,\bighexagon\!-SO_2Cl + POCl_3 + H_2O$$
$$+ PCl_5$$

Benzolsulfosäure

Durch Reduktion von Sulfosäuren mittels Zinkstaub erhält man Thiophenole:

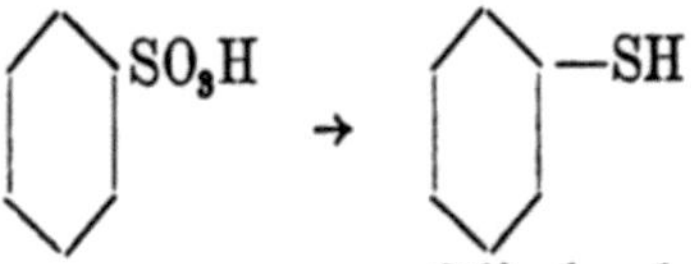

$$\bighexagon SO_3H \rightarrow \bighexagon\!-SH$$

Thiophenol

Nitroverbindungen.

Für die aromatischen Kohlenwasserstoffe ist charakteristisch, daß sie durch starke Salpetersäure in Nitroverbindungen verwandelt werden.

$$C_6H_6 + NO_3H = C_6H_5 \cdot NO_2 + H_2O$$

Benzol · · · · · · · · · · Nitrobenzol

Diese Nitroverbindungen sind meistens gelblich gefärbte, in Wasser unlösliche, beständige Verbindungen.

Das Nitrobenzol, $C_6H_5 \cdot NO_2$, ist eine gelbliche Flüssigkeit von intensivem Bittermandelgeruch, welche unter anderem unter dem Namen Mirbanöl zur Parfümierung

von Seifen Anwendung findet. Es wird, da es ein Zwischen=
produkt ist, technisch in ungeheuren Mengen dargestellt.

Durch intensives Nitrieren (mit rauchender Salpeter=
säure in der Hitze) entstehen höhere Nitroverbindungen.
So geht Benzol über in m-Dinitrobenzol und sym. Tri=
nitrobenzol:

Benzol   Nitro=   m-Dinitrobenzol   sym. Trinitrobenzol
benzol

Durch stärkeres Nitrieren von Phenol entsteht sym.
Trinitrophenol, die sog. Pikrinsäure:

Pikrinsäure

Die Pikrinsäure hat stärkere saure Eigenschaften
als die gewöhnlichen Phenole. In ganz reinem Zustande
bildet sie weiße Blättchen, die an der Luft (infolge der
Bildung von Ammoniumsalz) rasch gelblich werden. Ihre
wässerige und alkoholische Lösung ist intensiv gelb. Diese
Gelbfärbung rührt davon her, daß die Pikrinsäure in
Wasser stark ionisiert ist und ihr Anion gelbe Farbe besitzt.

Pikrinsäure bildet mit Basen gut kristallisierende Salze
(„Pikrate"). Von den Alkalisalzen ist das Kalisalz und
das Ammoniumsalz schwer löslich. Die meisten ihrer

Salze explodieren beim schnellen Erhitzen, durch Schlag oder durch eine Sprengkapsel (Knallquecksilber). Pikrinsäure mit Kollodiumzusatz ist das sog. Melinit, Ekrasit ist das Ammonsalz der Pikrinsäure.

Die Pikrinsäure färbt Seide und Wolle und dient daher auch zu Färbezwecken. Ihren Namen hat die Verbindung von dem bitteren Geschmack, den sie besitzt.

Aromatische Aldehyde.

Die aromatischen Aldehyde besitzen im wesentlichen die Eigenschaften der aliphatischen Aldehyde. Eine charakteristische, nur den aromatischen Aldehyden eigene Reaktion, tritt beim Erwärmen mit alkoholischem Kaliumhydroxyd ein: es entsteht aus zwei Molekülen Aldehyd 1 Mol. Säure und 1 Mol. Alkohol, z. B.:

$$2\ C_6H_5 \cdot C\!\!<^O_H + KOH = C_6H_5 \cdot C\!\!<^O_{OK}$$

Benzaldehyd   Benzoësäure

$$+\ C_6H_5\,C\!\!<^{=\,H_2}_{-\,OH}$$

Benzylalkohol

Der wichtigste aromatische Aldehyd ist der **Benzaldehyd**. Er ist enthalten im Amygdalin der bitteren Mandeln und wird deshalb auch als **Bittermandelöl** bezeichnet. Amygdalin, ein Glukosid, ist eine Verbindung von Traubenzucker mit Benzaldehyd und Blausäure. Durch einen ebenfalls in den bitteren Mandeln vorhandenen Stoff, das Emulsin, läßt sich das Amygdalin unter Wasseraufnahme in seine Bestandteile spalten:

$$C_{20}H_{27}O_{11}N + 2\,H_2O = C_6H_5\,CHO$$

Amygdalin   Benzaldehyd

$$+\ 2\,C_6H_{12}O_6 + HCN$$

Glukose   Blausäure

Benzaldehyd wird technisch dargestellt durch Oxydation von Toluol mit Braunstein und Schwefelsäure oder durch Umsetzung von Benzalchlorid mit Wasser:

$$C_6H_5 \cdot CHCl_2 + H_2O = C_6H_5 \cdot CHO + 2\,HCl$$
Benzalchlorid   Benzaldehyd

Er bildet eine angenehm riechende Flüssigkeit, durch Oxydationsmittel (langsam auch durch den Luftsauerstoff) wird er leicht in Benzoësäure ($C_6H_5 \cdot COOH$) übergeführt.

Zu den aromatischen Aldehyden gehört auch das Vanillin, der Methyläther des sog. Protocatechual= dehyds:

Protocatechualdehyd   Vanillin

Vanillin, ein in Nadeln kristallisierender Körper, ist enthalten in den Vanilleschoten und findet sich in der Natur auch als Glukosid im Cambialsafte der Nadel= hölzer, Coniferin genannt.

Aromatische Ketone.

Man unterscheidet rein aromatische Ketone und gemischte Ketone. Zu den ersteren gehört das sog. Benzophenon (Diphenylketon) $C_6H_5 \cdot CO \cdot C_6H_5$. Benzophenon entsteht (analog den aliphatischen Ketonen) bei der trockenen Destillation von benzoesaurem Kalk.

$$\left. \begin{array}{l} C_6H_5 \cdot COO \\ C_6H_5 \cdot COO \end{array} \right\rangle Ca = C_6H_5 \cdot CO \cdot C_6H_5 + CaCO_3$$
Benzoësaurer Kalk   Benzophenon

Es wird dargeſtellt nach der Aluminium-Chlorid-Methode von Friedel und Crafts (ſ. S. 78) aus Benzol und Benzoylchlorid oder Benzol und Phosgen mit Aluminiumchlorid:

$$C_6H_6 + C_6H_5 COCl = C_6H_5 \cdot CO \cdot C_6H_5 + HCl$$

Benzol Benzoylchlorid Benzophenon

$$2 C_6H_6 + COCl_2 = C_6H_5 \cdot CO \cdot C_6H_5 + 2 HCl$$

Benzol Phosgen Benzophenon.

Es iſt ein farbloſer, kriſtalliſierter Körper.

Acetophenon entſteht bei der trockenen Deſtillation von benzoëſaurem und eſſigſaurem Kalk:

$$(C_6H_5 COO)_2 Ca + (CH_3 COO)_2 Ca$$

Benzoëſaurer Eſſigſaurer Kalk

$$= 2 C_6H_5 \cdot CO \cdot CH_3 + 2 CaCO_3$$

Acetophenon

oder aus Benzol, Acetylchlorid und Aluminiumchlorid:

$$C_6H_6 + CH_3 COCl = C_6H_5 \cdot CO \cdot CH_3 + HCl$$

Acetophenon

Flüſſigkeit von eigentümlichem, angenehmen Geruch. Wird als Schlafmittel („Hypnon") benutzt.

Aromatiſche Carbonſäuren.

Aromatiſche Säuren entſtehen durch Oxydation entſprechender Alkohole und Aldehyde:

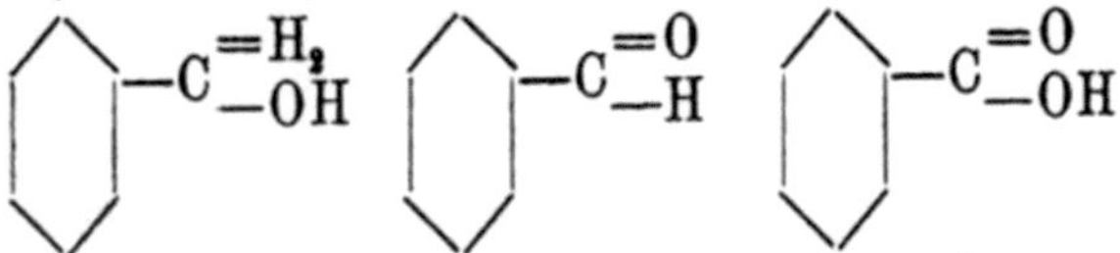

Benzylalkohol   Benzylaldehyd   Benzoëſäure

ferner durch Oxydation von Benzolkohlenwaſſerſtoffen mit Seitenketten, z. B.:

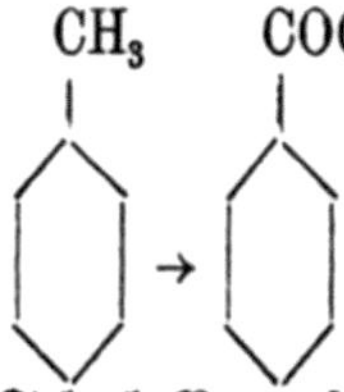

Toluol Benzoësäure (Benzol) Phtalsäure
(Benzolmonocarbonsäure) o-Xylol (o-Dicarbonsäure)

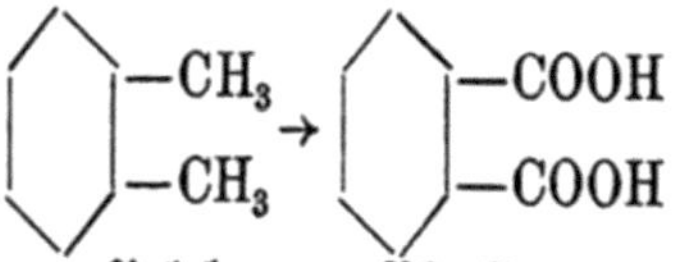

auch durch Verseifung von Nitrilen, z. B.:

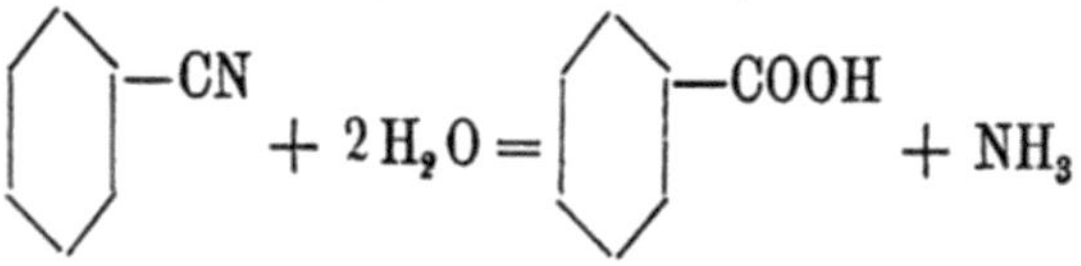

Die einfachste aromatische Säure ist die Benzoë=
säure, $C_6H_5 \cdot COOH$. Sie ist im Benzoëharz, im Peru=
und Tolubalsam enthalten und kann aus dem Benzoëharz,
welches die Benzoësäure fertig gebildet enthält, gewonnen
werden.

Sie kann auch durch Kochen mit Salzsäure aus der
Hippursäure dargestellt werden, welche sich hauptsächlich
im Harn der Pflanzenfresser (Pferdeharn) vorfindet und
als eine Amidoessigsäure betrachtet werden kann, in der
ein Wasserstoff der Aminogruppe durch den Benzoylrest
$C_6H_5 \cdot CO$ ersetzt ist.

$$C_6H_5 \cdot CO \cdot NH \cdot CH_2 \cdot COOH + H_2O$$
Hippursäure

$$= C_6H_5 \cdot COOH + NH_2 \cdot CH_2 \cdot COOH$$
Benzoësäure Aminoessigsäure

Technisch wird sie in großem Maßstab durch Oxydation
von Toluol gewonnen. Sie kristallisiert in weißen Blättchen,
die bei 121° schmelzen.

Von den Substitutionsprodukten der Benzoësäure sind
die folgenden besonders wichtig:

Salicylsäure (o-Oxybenzoësäure),

$$\bighexagon\!\!\!-\!COOH$$
$$-OH$$

findet sich als Methylester im Wintergrünöl, als Gluko=
sid (Salicin) in der Weide. Sie wird technisch nach
der sogenannten Kolbeschen Synthese dargestellt durch Er=
hitzen von Natriumphenolat mit trockenem Kohlendioxyd
unter Druck. Es entsteht dabei als erstes Einwirkungs=
produkt phenylkohlensaures Natrium, das sich dann bei
höherer Temperatur (120—140°) in salicylsaures Na=
trium umlagert:

1. $C_6 H_5 ONa + CO_2 = CO \begin{cases} OC_6 H_5 \\ ONa \end{cases}$

   Natriumphenolat   Phenylkohlensaures Natrium,

2. $\bighexagon\!\!\!-O-C \begin{cases} O \\ ONa \end{cases} \rightarrow \bighexagon\!\!\!\begin{array}{l} -OH \\ -CO_2 Na \end{array}$

   Phenylkohlensaures Natrium   Salicylsaures Natrium

Aus der Lösung des salicylsauren Natriums wird durch
Salzsäure die Salicylsäure abgeschieden.

Salicylsäure bildet weiße nabelförmige Kristalle von
süßlich=saurem, kratzendem Geschmack. Ihre wässerige Lö=
sung wird durch Eisenchlorid blauviolett· gefärbt. Da die
Salicylsäure starke bakterientötende Wirkung hat, ist sie
ein wichtiges Antiseptikum. Von den Salzen der Salicyl=
säure wird das Natriumsalicylat medizinisch verwendet.
Von den organischen Abkömmlingen der Salicylsäure sind
als Heilmittel wichtig das Salol (Salicylsäurephenyl=
ester) und das Aspirin (Acetylsalicylsäure):

$$\text{Salol} \quad \begin{array}{l} -\text{OH} \\ -\text{CO}_2\,\text{C}_6\,\text{H}_5 \end{array}$$

$$\text{Aspirin} \quad \begin{array}{l} -\text{O}\cdot\text{CO}\cdot\text{CH}_3 \\ -\text{COOH} \end{array}$$

Acetylſalicylſäure, der Eſſigſäureeſter der Salicylſäure, wird dargeſtellt durch Einwirkung von Eſſigſäureanhydrid oder Acetylchlorid auf Salicylſäure. Sie bildet weiße Kriſtallnadeln und iſt in Waſſer ſchwer löslich. Von der Salicylſäure unterſcheidet ſich dieſelbe dadurch, daß mit Eiſenchlorid keine Violettfärbung eintritt.

Anthranilſäure, o-Amidobenzoëſäure, iſt ein wich= tiges Zwiſchenprodukt bei der Indigofabrikation.

Ein Derivat der Orthoſulfobenzoëſäure, das Imid derſelben, iſt bekannt unter dem Namen **Saccharin** oder **Zuckerin.**

$$\text{Saccharin} \quad \begin{array}{l} -\text{CO} \\ \quad\rangle\text{NH} \\ -\text{SO}_2 \end{array}$$

Es iſt außerordentlich ſüß, hat aber keinen Nährwert wie der Zucker. Dient für Diabetiker als Zuckererſatz.

Von den Oxyſäuren ferner wichtig iſt die **Gallusſäure,** eine **Trioxybenzoëſäure:**

$$\begin{array}{c} \text{COOH} \\ \\ \text{HO} - \quad - \text{OH} \\ \text{OH} \end{array}$$

Sie ist unter anderem in den Galläpfeln und im chinesischen Tee enthalten. Gallussäure dient zur Tintenfabrikation (Gallustinten).

Tannin ist Gallusgerbsäure. Sie findet sich ebenfalls in den Galläpfeln und in der Rinde der Eiche. Die chemische Konstitution ist nicht sicher ermittelt. Auf der Fähigkeit der Gerbsäure, mit tierischem Leim unlösliche Verbindungen zu bilden, beruht ihre Verwendung, Tierhaut in Leder überzuführen, (Gerbprozeß).

Von der Benzolbicarbonsäure existieren 3 Isomere:

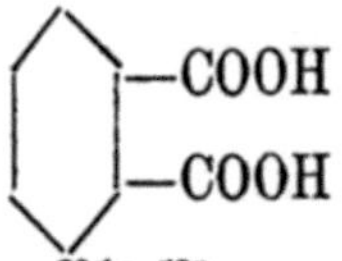

$$\text{Phtalsäure} \qquad \text{Isophtalsäure} \qquad \text{Terephtalsäure}$$

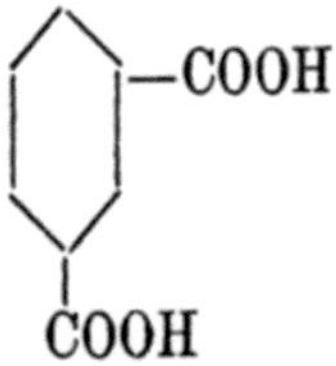

Von diesen ist die Phtalsäure die wichtigste. Sie entsteht, wenn man in o-Stellung bisubstituierte Benzole oxydiert, z. B. aus o-Xylol:

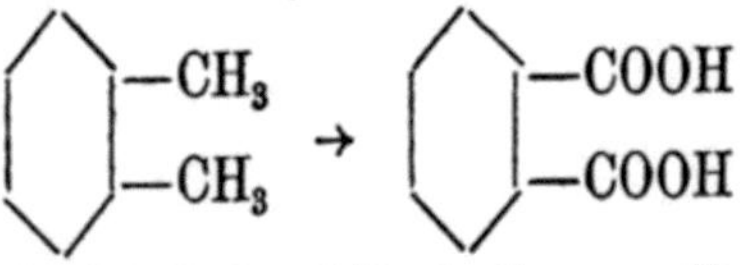

Technisch wird sie durch Oxydation von Naphthalin mit rauchender Schwefelsäure gewonnen. Sie bildet weiße Kristalle. Beim Erhitzen geht sie über in Phtalsäureanhydrid, eine in großen weißen Nadeln kristallisierende Verbindung:

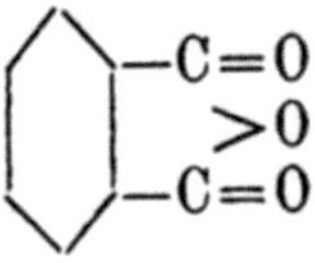

Von ben höheren Benzolcarbonſäuren iſt zu erwähnen
bie **Mellithſäure**, (Benzolhexacarbonſäure):

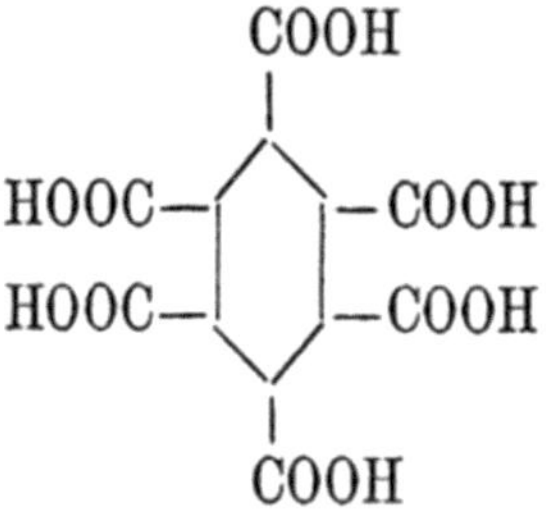

$$
\underset{\text{COOH}}{\underset{\displaystyle \text{HOOC}-}{\overset{\displaystyle \text{COOH}}{\overset{\displaystyle \text{HOOC}-}{\bigcirc}}}}
$$

COOH

HOOC— —COOH

HOOC— —COOH

COOH

Feſter Körper, ber ſich in ber Natur als Aluminium=
ſalz in Braunkohlenlagern vorfinbet unb Honigſtein ge=
nannt wirb.

Die bisher genannten Säuren enthielten alle bie
Karboxylgruppen in birekter Bindung mit dem Benzolkern.
Man kennt aber auch Säuren, bei welchen bas nicht ber
Fall iſt, z. B. bie **Phenyleſſigſäure**

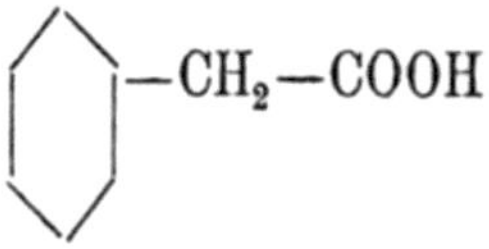

$$\bigcirc{-\text{CH}_2-\text{COOH}}$$

unb bie Zimmtſäure, eine ungeſättigte Säure von ber
Konſtitution:

$$\bigcirc{-\text{CH}=\text{CH}-\text{COOH},}$$

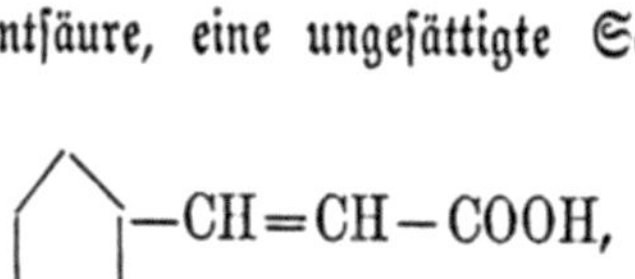

Zimmtſäure (Phenylacrylſäure)

bie ſich im Storax, Peru= unb Tolubalſam vorfindet.
Synthetiſch kann ſie burch Erhitzen von Benzalbehyb mit
trockenem Natriumacetat unter Zuſatz von Eſſigſäure=
anhybrio, welches waſſerentziehend wirkt, bargeſtellt werben.
(Perkinſche Reaktion.)

$$C_6H_5 C \dfrac{= \overline{O + H_2}}{-H} CH \cdot COONa$$

Benzaldehyd   Essigsäure

$$= C_6H_5 \cdot CH : CH \cdot COONa + H_2O.$$

Zimmtsaures Natrium

Zimmtsäure kristallisiert in feinen Nadeln, die in Wasser schwer löslich sind.

Reduktionsprodukte des Nitrobenzols.

Man kennt folgende Reduktionsprodukte des Nitro-benzols:

1. Nitrosobenzol $\qquad C_6H_5NO$
2. Azoxybenzol $\qquad C_6H_5{-}N{-}N{-}C_6H_5$
   $$\diagdown O \diagup$$
3. Azobenzol $\qquad C_6H_5{-}N{=}N{-}C_6H_5$
4. Phenylhydroxylamin $\quad C_6H_5 \cdot N{\genfrac{}{}{0pt}{}{-H}{-OH}}$
5. Hydrazobenzol $\qquad C_6H_5{-}NH{-}NH{-}C_6H_5$
6. Amidobenzol $\qquad C_6H_5 \cdot NH_2.$

Der Reaktionsverlauf bei der Reduktion ist je nach den Arbeitsbedingungen verschieden. Reduziert man in saurer Lösung (z. B. mit Eisenfeile in salzsaurer oder essigsaurer Flüssigkeit), so erhält man als Endprodukt die Amidoverbindung. In alkalischer Flüssigkeit (Natronlauge und Zinkstaub) ist das letzte Reduktionsprodukt das Hydrazobenzol.

Nitrosobenzol wird dargestellt aus Phenylhydro-xylamin durch gelinde Oxydation mit Kaliumbichromat. Er kristallisiert in weißen Blättchen, die sich in Lösungs-mitteln mit blaugrüner Farbe lösen. Auch im ge-schmolzenen Zustand ist Nitrosobenzol grün. Dieser Unter-schied in der Farbe der festen Substanz und der Lösung

kommt davon, daß die Verbindung in Lösung monomo=
lekular, im festen Zustand bimolekular ($C_6H_5 \cdot NO)_2$ ist.

Azoxybenzol ist eine hellgelbe, kristallisierte Ver=
bindung, die beim Kochen von Nitrobenzol mit alkoholischem
Kali entsteht.

Azobenzol wird erhalten durch Reduktion von
Nitrobenzol mit einer Natriumstannit=Lösung. Es ist eine
schön kristallisierende, orangenrote Verbindung.

Phenylhydroxylamin entsteht bei der Reduktion
von Nitrobenzol in einer wässrig=alkoholischen Lösung
mittels Zinkstaub. Es bildet weiße Kristalle. Beim Be=
handeln mit Schwefelsäure erleidet es eine merkwürdige
Umlagerung, indem sich p-Amidophenol bildet:

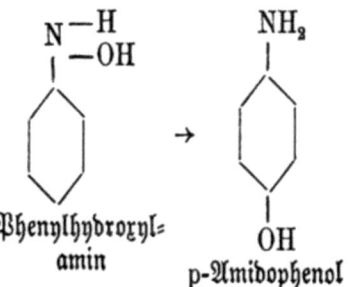

Phenylhydroxyl=
amin

p-Amidophenol

Hydrazobenzol erhält man bei der Reduktion von
Nitrobenzol mit Zinkstaub und Natronlauge. Es bildet
farblose Kristalle. Mit starken Säuren lagert es sich um
in Benzidin p, p'-Diamidobiphenyl):

$$\text{—NH—NH—}$$

Hydrazobenzol

$$H_2N—\quad—NH_2$$

Benzidin

Aromatische Amine.

Wie bei den aliphatischen Aminen hat man zu unter=
scheiden zwischen primären, sekundären und tertiären
Aminen, z. B.

$$C_6H_5 \cdot NH_2 \qquad C_6H_5 \cdot NH \cdot C_6H_5 \qquad N \equiv (C_6H_5)_3$$
$$\text{Anilin} \qquad \text{Diphenylamin} \qquad \text{Triphenylamin}$$
$$\text{(primäres Amin)} \quad \text{(sekundäres Amin)} \quad \text{(tertiäres Amin)}$$

ferner zwischen rein aromatischen Aminen (wie Diphenyl=
amin und Triphenylamin) und gemischt fett=aroma=
tischen Aminen, wie Methylanilin, $C_6H_5 \cdot NH \cdot CH_3$.

Die primären Amine werden durch Reduktion der
Nitroverbindungen dargestellt; so wird aus Nitrobenzol
Anilin, aus Nitrotoluol Toluidin, aus Nitroxylol
Nitroxylidin erhalten.

Die aromatischen primären Monoamide
sind Flüssigkeiten oder kristallisierte Verbindungen von
unangenehmem Geruch. Mit Säuren bilden sie Salze,
doch besitzen sie viel geringere Basizität als die alipha=
tischen Amine. Durch die Einwirkung von Halogenalkylen
gehen sie über in Salze sekundärer, tertiärer und quater=
närer Ammoniumbasen, z. B. liefert Anilin mit Methyljodid

$$C_6H_5{-}N{\underset{\diagdown J}{\overset{\diagup CH_3}{=}}} H_2 \rightarrow C_6H_5{-}N{\overset{-CH_3}{\underset{-J}{\underset{-H}{-CH_3}}}} \rightarrow C_6H_5{-}N{\overset{-CH_3}{\underset{-J}{\underset{-CH_3}{-CH_3}}}}$$

Jodhydrat des   Jodhydrat des   Phenyl=Trimethyl=
Methylanilins   Dimethylanilins   ammoniumjodid

Beim Kochen mit Schwefelkohlenstoff entstehen bisubsti=
tuierte Thioharnstoffe:

$$CS_2 + 2\,C_6H_5 \cdot NH_2 = S:C{\overset{NH \cdot C_6H_5}{\underset{NH \cdot C_6H_5}{<}}} + H_2S$$
$$\text{Diphenylthioharnstoff}$$

Die wichtigste Reaktion der primären aromatischen Amine ist diejenige mit salpetriger Säure, durch die sie in Diazoverbindungen übergeführt werden (f. S. 102).

Anilin, $C_6H_5 \cdot NH_2$, ist eine farblose, an der Luft sich rasch bräunende Flüssigkeit vom Siedepunkt 184°. Es besitzt einen charakteristischen Geruch; seine Dämpfe sind giftig. In der Technik wird es in größtem Maßstabe hergestellt durch Reduktion von Nitrobenzol mit Eisen und Salzsäure. Entsprechend den drei isomeren Nitrotoluolen existieren drei verschiedene Amidotoluole (Toluidine). Sie entsprechen dem Anilin in ihren wesentlichen Eigenschaften.

Diphenylamin, $C_6H_5 \cdot NH \cdot C_6H_5$, ist die wichtigste rein aromatische sekundäre Base. Es wird dargestellt durch Erhitzen von Anilin und salzsaurem Anilin auf 140°:

$$C_6H_5 \cdot NH_2 + C_6H_5 \cdot NH_2 \cdot HCl =$$
$$(C_6H_5)_2\ NH + NH_4Cl$$

Es ist eine gut kristallisierende Verbindung von eigenartigem, angenehmem Geruch.

Methylanilin und Dimethylanilin sind gemischte fettaromatische Amine, die durch Erhitzen von Anilin mit Methylalkohol und Salzsäure unter Druck dargestellt werden. Methylanilin gibt mit salpetriger Säure Phenylmethylnitrosamin,

$$C_6H_5 \cdot N \cdot CH_3,$$
$$|$$
$$NO$$

Dimethylanilin dagegen liefert eine Nitrosoverbindung, welche die Nitrosogruppe am Benzolkern enthält, nämlich Nitrosodimethylanilin,

$$O = N - \langle\!\!\!\bigcirc\!\!\!\rangle - N{<}{CH_3 \atop CH_3}$$

Anilide.

Durch längeres Kochen mit Eisessig oder Essigsäureanhydrid geht Anilin über in Acetanilid, $C_6H_5 \cdot NH \cdot COCH_3$.

$$C_6H_5 \cdot NH\boxed{H + HO}OC \cdot CH_3$$
$$= C_6H_5 \cdot NH \cdot CO \cdot CH_3 + H_2O.$$

Diese Verbindung ist der wichtigste Vertreter der sog. Anilide, das sind Verbindungen, welche sich vom Anilin durch Ersatz eines Wasserstoffatoms der Amidogruppe durch einen Säurerest ableiten.

Acetanilid ist eine schön kristallisierende Verbindung. Wegen seiner antipyretischen Eigenschaften dient es als Arzneimittel (Antifebrin).

Die entsprechenden Verbindungen, welche sich vom o-, m- und p-Toluidin, $CH_3 \cdot C_6H_4 \cdot NH_2$, ableiten, heißen Toluide.

Diazoverbindungen.

Während primäre Basen der aliphatischen Reihe durch die Einwirkung von salpetriger Säure unter Stickstoffentwicklung in Alkohole übergehen, liefern die primären aromatischen Amine Diazoverbindungen. Die Reaktion wird praktisch so ausgeführt, daß man zur Lösung der Base in überschüssiger verdünnter Säure eine Lösung der berechneten Menge Natriumnitrit zutropfen läßt. Man nennt diesen Vorgang „diazotieren".

$$C_6H_5 \cdot NH_2 \cdot HCl + HCl + Na\,NO_2$$
salzsaures Anilin

$$= C_6H_5 \cdot N \equiv N \cdot Cl + Na\,Cl + 2\,H_2O.$$

Da die meisten Diazoverbindungen sehr zersetzlich sind, wird die Flüssigkeit während des „Diazotierens" mit Eis gekühlt und die Lösung ohne Isolierung der Diazoverbindung gleich weiter verarbeitet.

Die so entstehenden Diazoverbindungen gleichen in mancher Beziehung den Ammoniumsalzen und werden deshalb Diazoniumsalze genannt, z. B.

$$C_6H_5 \cdot N \equiv N$$
$$|$$
$$Cl$$

Benzoldiazoniumchlorid

In festem, trockenem Zustand sind die meisten Diazoniumverbindungen sehr explosiv. Als Zwischenprodukte für die im folgenden beschriebenen Reaktionen werden sie deshalb gewöhnlich aus ihren Lösungen überhaupt nicht isoliert.

Beim Behandeln von Diazoniumchloriden mit Silberoxyd entstehen Diazoniumhydroxyde, z. B.

$$C_6H_5N \cdot N \equiv N$$
$$|$$
$$OH$$

Benzoldiazoniumhydroxyd

Durch Säuren lassen sich diese Verbindungen in die Salze zurückverwandeln. Sie sind aber unbeständig und gehen nach kurzer Zeit über in Verbindungen von Säurecharakter:

$$C_6H_5 \cdot N \equiv N \qquad\qquad\rightarrow\qquad C_6H_5 \cdot N \equiv N \cdot OH$$
$$|$$
$$OH$$

Benzoldiazoniumhydroxyd   Benzoldiazohydrat

Mit Alkalihydroxyd geben sie dann Salze („Diazotate"), z. B. $C_6H_5 \cdot N \equiv N \cdot ONa$.

Auch diese zunächst entstehenden Diazotate sind ziemlich unbeständig und verwandeln sich in Isomere (Isodiazotate). Die Isomerie ist eine räumliche und läßt sich durch folgende Strukturbilder wiedergeben:

$$C_6H_5 \cdot N$$
$$\parallel$$
$$Na O \cdot N$$

Diazotat, labil („Syn=
Diazobenzolnatrium")

$$C_6H_5 \cdot N$$
$$\parallel$$
$$N \cdot ONa$$

Isodiazotat, stabil („Anti=
Diazobenzolnatrium")

Umsetzungen der Diazoniumverbindungen.
Die Diazoniumverbindungen gehören zu den verwand=
lungsfähigsten Körpern, bie man überhaupt kennt.

I. Reaktionen, bei welchen die Diazonium=
gruppe ersetzt wird:

1. Beim Kochen mit Alkohol wird unter Stickstoff=
entwicklung die Diazoniumgruppe durch Wasserstoff ersetzt:

$$C_6H_5 \cdot N \equiv N + CH_3 \cdot CH_2 OH$$
$$|$$
$$Cl$$

Benzoldiazoniumchlorid

$$= C_6H_6 + CH_3 \cdot CHO + N_2 + H Cl$$
Benzol   Aldehyd

In manchen Fällen bildete sich unter den gleichen
Umständen Phenoläther, z. B.

$$C_6H_5 - N \equiv N + C_2H_5 OH = C_6H_5 \cdot O \cdot C_2H_5 + N_2 + HCl.$$

2. Beim Erwärmen mit Wasser entstehen Phenole:

$$C_6H_5 \cdot N \equiv N + H_2O = C_6H_5 OH + N_2 + HCl$$
$$|$$
$$Cl$$

3. Die Diazoniumgruppe läßt sich auch durch Halo=
gene ersetzen. Der Ersatz durch Jod wird erreicht durch
einfaches Kochen der Diazoniumsalzlösung mit Jodkalium:

$$C_6H_5 \cdot N \equiv N + KJ = C_6H_5 \cdot J + KCl + N_2$$
$$|$$
$$Cl$$

Bei Brom und Chlor ist der Ersatz so nicht mög=
lich. Er vollzieht sich dagegen in den meisten Fällen glatt

bei Zusatz von Kupferchlorür bzw. =Bromür, gelöst in Salz= oder Bromwasserstoffsäure (Sandmeyersche Re=aktion). Die Rolle, welche dabei die Cuprohalogenide spielen, ist noch nicht aufgeklärt.

4. Mit Cuprocyanid=Kaliumcyanid erfolgt Bildung von Cyaniden (Sandmeyersche Reaktion):

$$C_6H_5 \cdot N \equiv N + KCN = C_6H_5 \quad CN + KCl + N_2$$
$$\underset{Cl}{\mid} \qquad\qquad\qquad \text{Benzonitril}$$

5. Beim Einleiten von Schwefelwasserstoff in eine Benzoldiazoniumchloridlösung entsteht Phenylsulfid:

$$2 C_6H_5 \cdot N \equiv N + H_2S$$
$$\underset{Cl}{\mid}$$
$$= C_6H_5 \cdot S \cdot C_6H_5 + 2 HCl + 2 N_2$$
$$\text{Phenylsulfid}$$

II. Reduktion zu Hydrazinen. Phenylhydrazin.

Durch Reduktion von Diazoniumsalzen mittels Zinnchlo=rür oder Natriumbisulfit entstehen Arylhydrazine, z. B.

$$C_6H_5 \cdot N \equiv N + 2 SnCl_2 + 4 HCl$$
$$\underset{Cl}{\mid}$$
$$= C_6H_5 \cdot NH - NH_2 \cdot HCl + 2 SnCl_4$$
$$\text{Phenylhydrazinchlorhydrat}$$

Phenylhydrazin ist in reinem Zustand eine bei 23° schmelzende farblose Verbindung, die beim Stehen an der Luft infolge teilweiser Oxydation rasch in eine bräunliche, ölige Substanz (das gewöhnliche Handelsprodukt) übergeht. Mit Säuren bildet es Salze, von denen besonders das Chlorhydrat sich durch gute Kristallisationsfähigkeit aus=zeichnet. Über das Verhalten von Phenylhydrazin gegen=über Aldehyden s. S. 29, gegenüber Ketonen s. S. 32, gegenüber Zuckern s. S. 52.

III. Kuppelungsreaktionen.

Primäre und sekundäre aromatische Amine liefern mit Diazoniumsalzen Diazoamidoverbindungen:

$$C_6H_5 \cdot \underset{\underset{Cl}{|}}{N} \equiv N + C_6H_5NH_2$$

$$= C_6H_5 \cdot N = N - NH \cdot C_6H_5 + HCl$$

Diazoamidobenzol

Die so entstehenden Diazoamidoverbindungen sind in der Regel hellgelbe, gut kristallisierende Substanzen. Beim Erhitzen explodieren sie; im übrigen sind sie aber nicht so zersetzlich wie die eigentlichen Diazoverbindungen. Sehr wichtig ist ihre Neigung zu intramolekularer Umlagerung unter Bildung von Amidoazoverbindungen. Erhitzt man z. B. Diazoamidobenzol mit einer Lösung von wenig Anilinchlorhydrat, so geht folgende Umwandlung vor sich:

$$C_6H_5 \cdot N = N - HN\!\!-\!\!\bigbigcirc$$

Diazoamidobenzol,

$$C_6H_5 \cdot N = N - \bigbigcirc - NH_2$$

Amidoazobenzol

Tertiäre Amine liefern durch „Kuppelung" direkt Amidoazoverbindungen, z. B.

$$C_6H_5 \cdot \underset{\underset{Cl}{|}}{N} \equiv N + C_6H_5 \cdot N(CH_3)_2$$

$$= C_6H_5 \cdot N = N - \bigbigcirc - N{<}^{CH_3}_{CH_3}, \; HCl$$

salzsaures Dimethylamidoazobenzol

In analoger Weise entstehen mit Phenolen Oxy-azoverbindungen:

$$C_6 H_5 \cdot N_2 Cl + C_6 H_5 OH$$

$$= C_6 H_5 \cdot N = N - \langle \rangle - OH + HCl$$

Oxyazobenzol

Azofarbstoffe.

Bei weitem nicht alle stark gefärbten organischen Ver=
bindungen sind Farbstoffe, da sie nicht alle die Fähigkeit
besitzen, andere Stoffe (besonders die tierische oder pflanz=
liche Faser) anzufärben. So ist Azobenzol, obwohl es
intensiv orangerot ist, nicht zu den Farbstoffen zu zählen.
Hiegegen sind Amido= und Oxyazoverbindungen wichtige
Farbstoffe, welche Seide, Wolle oder Baumwolle dauerhaft
färben, d. h. sich aus ihren Lösungen auf diese Stoffe unter
Bildung fester Verbindungen niederschlagen. Die Zahl
der als Azofarbstoffe praktisch benützten Amido= und Oxy=
azofarbstoffe ist sehr groß. Zu den wichtigsten gehören:

Bismarkbraun, Vesuvin, Phenylenbraun, Tria=
midoazobenzol,

$$\langle \rangle - N = N - \langle \rangle - NH_2;$$

NH₄ 　　　　 NH₂

dient zum Färben von Baumwolle und Leder.

Helianthin, Dimethylamidoazobenzolsulfosäure,

$$HO_3 S - \langle \rangle - N = N - \langle \rangle - N (CH_3)_2.$$

Methylorange, welches in der Maßanalyse benützt
wird, ist das Natriumsalz des Helianthins.

Chinone.

Wenn Hydrochinon (p-Dioxylbenzol) oxydiert wird,
so geht es in das sog. Chinon über.

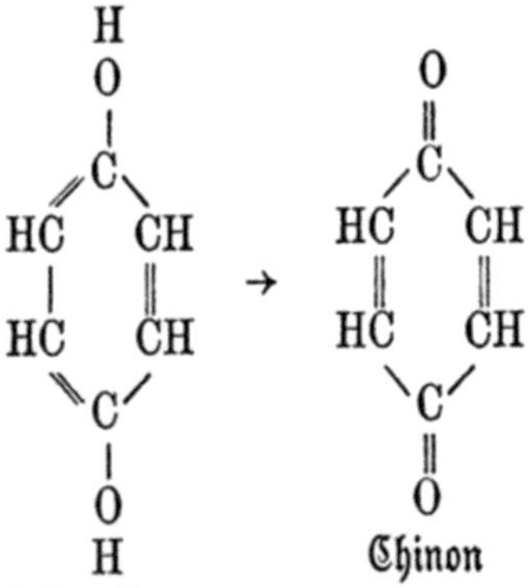

Hydrochinon   Chinon

In analoger Weise läßt sich aus Brenzkatechin durch Oxydation (mittels Silberoxyd) ein entsprechendes Oxydationsprodukt, das sogen. O r t h o c h i n o n (o-Chinon) erhalten:

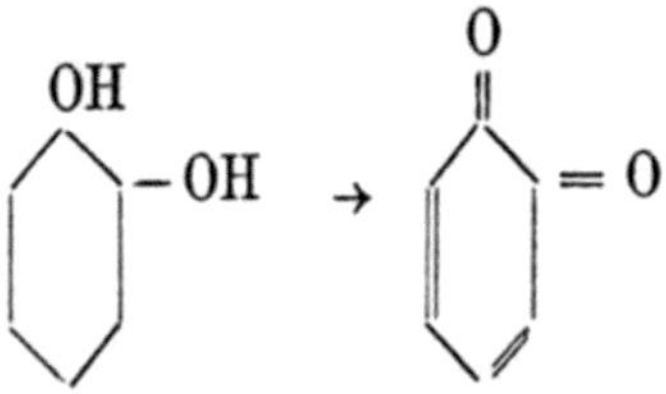

Brenzkatechin   o-Chinon

Während die Dioxybenzole farblos sind, ist das gewöhnliche Chinon (p-Chinon) gelb, das o-Chinon rot gefärbt. Man nimmt als Ursache dieser Färbungen die eigenartige Verteilung von einfachen und Doppelbindungen in den Molekülen an und bezeichnet allgemein Verbindungen, welche das Bindungsschema

oder

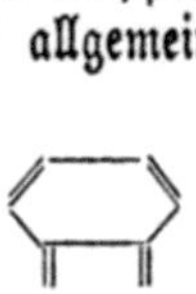

enthalten, als p- bzw. o-chinoide Verbindungen.

Eine große Anzahl von wichtigen Farbstoffen, so die Triphenylmethan=Farbstoffe (siehe unten), gehören zu den chinoiden Verbindungen. Das p-Chinon ist eine gelbe, kristallisierte Substanz von eigenartigem, herbem Geruch. Es ist mit Wasserdämpfen flüchtig. Gegen Hydroxylamin reagiert es wie ein gewöhnliches Keton unter Bildung von Chinondioxim:

$$
\begin{array}{c}
C = NOH \\
/\ \ \ \backslash \\
HC \ \ \ \ CH \\
\| \ \ \ \ \ \| \\
HC \ \ \ \ CH \\
\backslash\ \ \ / \\
C = NOH
\end{array}
$$

Das o-Chinon kristallisiert in roten Tafeln und ist, besonders bei Gegenwart von Wasser, ziemlich unbeständig.

Triphenylmethan und Triphenylmethan-Farbstoffe.

Trägt man in ein Gemisch von Chloroform und Benzol wasserfreies Aluminiumchlorid ein (Reaktion von Friedel und Crafts (s. S. 78), so entsteht unter Entwicklung von Salzsäure Triphenylmethan:

$$
H \cdot C \overset{\textstyle /Cl}{\underset{\textstyle \backslash Cl}{-Cl}} + 3\,C_6H_6 = H \cdot C \overset{\textstyle /C_6H_5}{\underset{\textstyle \backslash C_6H_5}{-C_6H_5}} + 3\,HCl
$$

$$
\text{Chloroform} \qquad\qquad \text{Triphenylmethan}
$$

Das Triphenylmethan ist eine farblose, kristallisierte Verbindung, welche als die Muttersubstanz einer großen Anzahl wichtiger Farbstoffe, der sog. Triphenylmethan=Farbstoffe, anzusehen ist.

Wird Triphenylmethan oxybiert (z. B. in essigsaurer Lösung mittels Bleidioxyd), so entsteht

Triphenylcarbinol, $HO \cdot C \overset{\displaystyle / C_6 H_5}{\underset{\displaystyle \backslash C_6 H_5}{- C_6 H_5}}$,

ebenfalls eine farblose Verbindung.

Ersetzt man im Triphenylkarbinol in 2 oder 3 Benzolkernen das dem Methankohlenstoffatom paraständige Wasserstoffatom durch Amidogruppen (oder substituierte Amidogruppen), so entstehen Verbindungen von stark basischem Charakter, z. B.

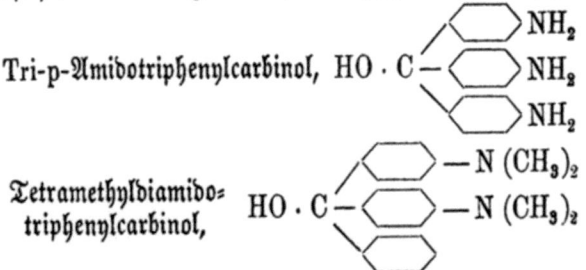

Tri-p-Amidotriphenylcarbinol, $HO \cdot C$

Tetramethylbiamido=
triphenylcarbinol, $HO \cdot C$

Mit Säuren geben diese Basen Salze. Doch ändert sich dabei ihre Konstitution und sie gehen über in chinoide Verbindungen von Farbstoffcharakter, die als Triphenyl=
methanfarbstoffe bezeichnet werden:

$$HO \cdot C \overset{\displaystyle / C_6\,H_4\,NH_2}{\underset{\displaystyle \backslash C_6\,H_4\,NH_2}{- C_6\,H_4\,NH_2}} + HCl$$

Triamidocarbinol

$$= C \overset{\displaystyle /\!\!/ C_6\,H_4 = NH \cdot HCl}{\underset{\displaystyle \backslash C_6\,H_4 - NH_2}{- C_6\,H_4 - NH_2}} + H_2O$$

oder

Pararosanilin

$$\text{HO} \cdot \text{C} \begin{array}{l} \diagup \text{C}_6\text{H}_4\,\text{N}\,(\text{CH}_3)_2 \\ - \text{C}_6\text{H}_4\,\text{N}\,(\text{CH}_3)_2 \\ \diagdown \text{C}_6\text{H}_5 \end{array} + \text{HCl}$$

Tetramethyldiamidotriphenylcarbinol

$$= \text{C} \begin{array}{l} \diagup\!\!\diagup \text{C}_6\text{H}_4 = \text{N}\,(\text{CH}_3)_2 \cdot \text{Cl} \\ - \text{C}_6\text{H}_4 - \text{N}\,(\text{CH}_3)_2 \\ \diagdown \text{C}_6\text{H}_5 \end{array}$$

oder $\text{C} - \hexagon = \text{N} \begin{array}{l}\diagup \text{CH}_3 \\ - \text{CH}_3 \\ \diagdown \text{Cl}\end{array}$

$\hexagon \text{N}\,(\text{CH}_3)_2 + \text{H}_2\text{O}$

Malachitgrün (Bittermandelölgrün)

Die praktische Darstellung der Triphenylmethanfarb=
stoffe geschieht nicht auf dem angegebenen Weg über das
Triphenylmethan, sondern 1. durch Zusammenoxydieren
gewisser Verbindungen, oder 2. durch Kondensation von
Benzaldehyd mit aromatischen Aminen und darauffolgen=
der Oxydation und Salzbildung. Der erste Weg wird
eingeschlagen zur Darstellung des technisch wichtigen
Fuchsins oder Rosalinchlorhydrates, das folgende
Struktur besitzt:

$$\text{C} = \begin{array}{l} \hexagon \begin{array}{l}\diagup \text{CH}_3 \\ - \text{NH}_2\end{array} \\ = \hexagon = \text{NH}_2\,\text{Cl} \\ \hexagon \text{NH}_2 \end{array} = \text{C} \begin{array}{l}\diagup \text{C}_6\text{H}_3\,(\text{CH}_3) - \text{NH}_2 \\ = \text{C}_6\text{H}_4 = \text{NH}_2\,\text{Cl} \\ \diagdown \text{C}_6\text{H}_4\,\text{NH}_2\end{array}$$

Fuchsin

Es wird gewonnen durch Zusammenoxydieren von mole=
kularen Mengen o=Toluidin, p=Toluidin und Anilin.

$$\text{C}_6\text{H}_4\,(\text{CH}_3)\,\text{NH}_2 + \text{CH}_3 \cdot \text{C}_6\text{H}_4 \cdot \text{NH}_2 + \text{C}_6\text{H}_5 \cdot \text{NH}_2 + 3\,\text{O}$$
o=Toluidin   p=Toluidin   Anilin

$$= HO \cdot C {\overset{\diagup C_6 H_4\, NH_2}{\underset{\diagdown C_6 H_3 <{\overset{CH_3}{NH_2}}}{- C_6 H_4\, NH_2}}} + 2\, H_2 O$$

Mit Säuren entsteht aus diesem (farblosen) Carbinol der Farbstoff Fuchsin.

Der zweite Weg dient z. B. zur Darstellung von Malachitgrün. Benzaldehyd wird mit 2 Mol. Dimethyl=anilin kondensiert. Als wasserentziehendes Mittel dient wasserfreies Chlorzink.

$$C_6 H_5 \cdot C{\overset{H}{O}} + 2\, C_6 H_5 \cdot N\,(CH_3)_2$$

$$= H \cdot C {\overset{\diagup C_6 H_4\, N\, CH_3)_2}{\underset{\diagdown C_6 H_5}{- C_6 H_4\, N\,(CH_{3)2}}}} + H_2 O$$

Das so erhaltene substituierte Triphenylmethan wird mittels Bleidioxyd zum Carbinol oxydiert und mit Säure in den Farbstoff (Konstitution siehe oben) übergeführt. Wegen der Verwendung von Benzaldehyd („Bittermandel= öl") zur Darstellung wird der technisch sehr wichtige Farb= stoff auch Bittermandelölgrün genannt. Mit Malachitgrün können lebhafte grüne Töne erzeugt werden.

Bei der Bildung von Triphenylmethanfarbstoffen sind also drei Phasen zu unterscheiden:

1. Bildung der substituierten Triphenylmethane. Da diese farblos sind, werden sie als Leukoverbin= dungen bezeichnet.
2. Oxydation zu den sogen. Carbinolen (den sogen. Farbbasen).
3. Salzbildung der Farbbasen.

Außer den bereits angeführten Farbstoffen Rosanilin, Fuchsin und Malachitgrün sind noch zu nennen:

$$\text{Kristallviolett,} \quad C = \underbrace{} = N \begin{cases} (CH_3)_2 \\ Cl \end{cases}$$

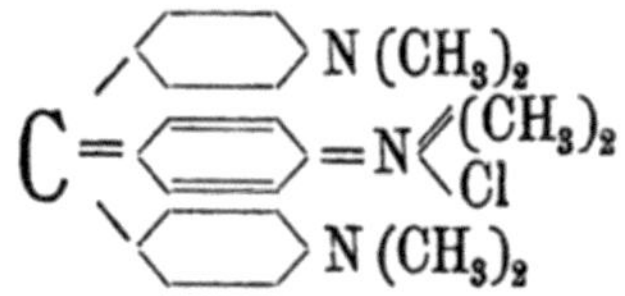

with substituents $N(CH_3)_2$, $N(CH_3)_2$ on the rings

$$\text{Anilinblau} \atop \text{(Triphenylrosanilin)} \quad C = \underbrace{} = N \begin{cases} H \\ C_6H_5 \\ Cl \end{cases}$$

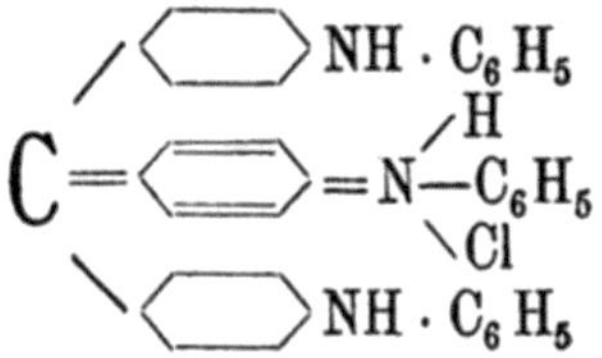

with substituents $NH \cdot C_6H_5$, $NH \cdot C_6H_5$ on the rings

Phtaleïne.

Das Anhybrid der Phtalsäure läßt sich in folgender Weise mit Phenolen kondensieren:

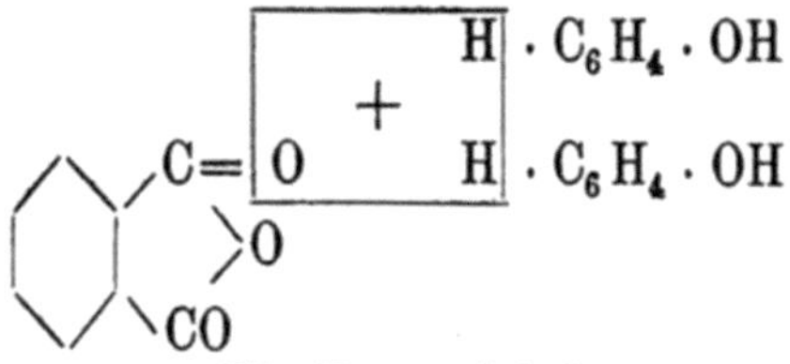

$$C = O \quad + \quad \begin{array}{l} H \cdot C_6H_4 \cdot OH \\ H \cdot C_6H_4 \cdot OH \end{array}$$

with ring and $>O$, CO

Phtalsäureanhybrid

$$= \quad C \begin{array}{l} C_6H_4\,OH \\ C_6H_4\,OH \end{array} \atop C = O \quad + H_2O$$

with ring and O

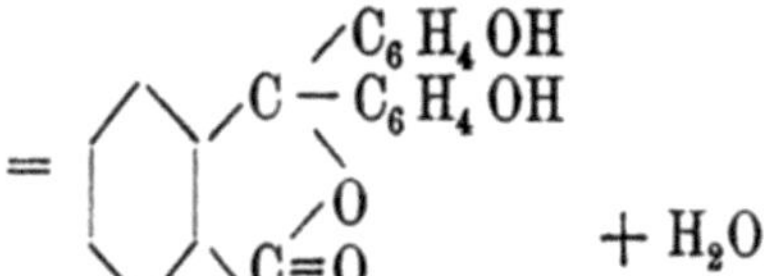

Phenolphtaleïn

Phenolphtaleïn ist eine farblose Substanz, die sich in Alkalilaugen unter Salzbildung mit intensiv roter Farbe löst. Auf Zusatz von Säuren zu den roten Lösungen verschwindet mit Eintritt der sauren Reaktion die Färbung wieder. Man benützt daher die Verbindung als Indikator in der Maßanalyse. Für die Färberei ist sie nicht von Bedeutung.

Kondenſiert man Phtalſäureanhybrid mit dem zwei=
wertigen Phenol Reſorcin, ſo erhält man **Fluoresceïn:**

$$HO - \underset{}{\bigcirc} \overset{O}{} \underset{}{\bigcirc} - OH$$

$$C$$

$$O$$

$$C = O$$

ein Anhybrid eines dem Phenolphtaleïn entſprechenden
Reſorcinphtaleïns.

Fluoresceïn iſt ein roter Körper, deſſen Löſung
in verbünnten Alkalien ſehr ſtark fluoreszziert. Für bie
Färberei iſt er ohne Bedeutung, er bient aber zur Her=
ſtellung von Phtaleïnfarbſtoffen.

Läßt man Bromwaſſer auf Fluoresceïn einwirken, ſo
entſteht Tetrabromfluoresceïn, bas **Eoſin,** ein wertvoller
roter Farbſtoff, der Wolle und Seibe färbt.

Indigo.

Von allen blauen Farbſtoffen iſt der Indigo der wich=
tigſte. Er beſißt die Konſtitution:

$$\begin{array}{c} H \\ C \\ HC \quad C - OC \\ \quad\quad\quad\quad C = C \\ HC \quad C - NH \\ C \\ H \end{array} \quad \begin{array}{c} H \\ C \\ CO - C \quad CH \\ \\ NH - C \quad CH \\ C \\ H \end{array}$$

Indigo

Durch Oxydation geht der Indigo über in ein rotes
Oxydationsprodukt, bas **Iſatin.** Durch Deſtillation mit
Zinkſtaub (eine ſehr energiſche Rebuktionsmethode) ent=
ſteht **Indol,** die Mutterſubſtanz des Indigos.

$$\text{Isatin} \qquad\qquad \text{Indol}$$

Der Indigo wird aus einigen Pflanzen, die zu den Indigoferanten — Familie der Papilionaceen — gehören, gewonnen. Dieselben werden vorzugsweise in Ostindien, Java, Brasilien und Zentralasien angebaut. In Deutschland hat man früher Indigo aus dem Färberwaid gewonnen. Der Waidbau war vorzugsweise in Schlesien, in der Kurmark, in der Gegend von Magdeburg und in den thüringischen Landen zu Hause (siehe „Der Indigo" von Dr. G. v. Georgicvics). Diese Pflanzen enthalten, vorzugsweise in den Blättern, ein Glukosid, das Indikan, aus welchem der natürliche Indigo gewonnen wird.

Die Hauptmenge wird künstlich dargestellt. Unter den zahlreichen Indigosynthesen ist die wichtigste diejenige, welche von der Anthranilsäure ausgeht.

Anthranilsäure wird mit Chloressigsäure in Reaktion gebracht, wobei Anthranilessigsäure (auch Phenylglycinkarbonsäure genannt) gebildet wird. Durch Verschmelzen mit Ätznatron geht diese Säure unter Wasserabspaltung in Indoxylsäure und dann unter Kohlensäureabspaltung in Indoxyl über. Durch Oxydation mittels Luftsauerstoff läßt sich letzteres glatt in Indigo überführen.

$$\underset{\text{Anthranilsäure}}{\text{C}=\text{O (OH)},\ \text{NH}_2} + \underset{\text{Chloressigsäure}}{\text{Cl H}_2\cdot\text{COOH}} = \underset{\substack{\text{Anthranilessigsäure}\\ \text{(Phenylglycincarbonsäure)}}}{\text{C}=\text{O (OH)},\ \text{NH}\cdot\text{CH}_2\cdot\text{COOH}} + \text{HCl}$$

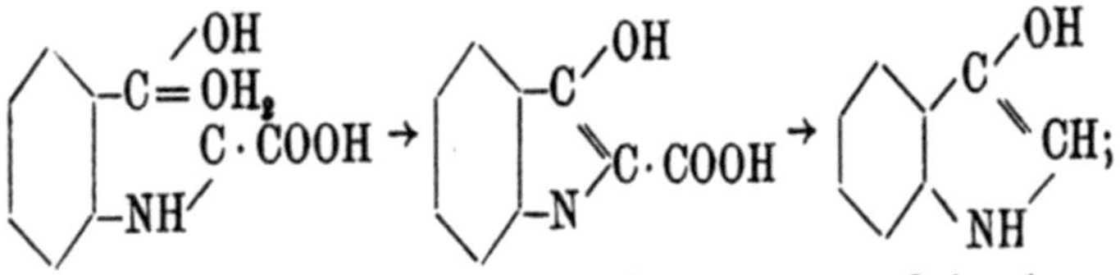

Anthranilessigsäure   Indoxylsäure   Indoxyl

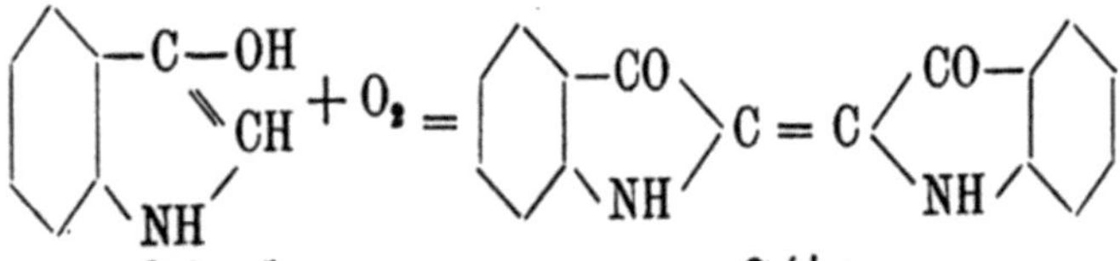

Indoxyl   Indigo

Indigo ist licht= und säureecht und wird in der Baum= woll= und Wollfärberei, und zwar insbesondere zum Färben der Militärtuche benützt. Das Färben mit diesem Farbstoff geschieht in der Weise, daß man Indigo zu Indigweiß reduziert.

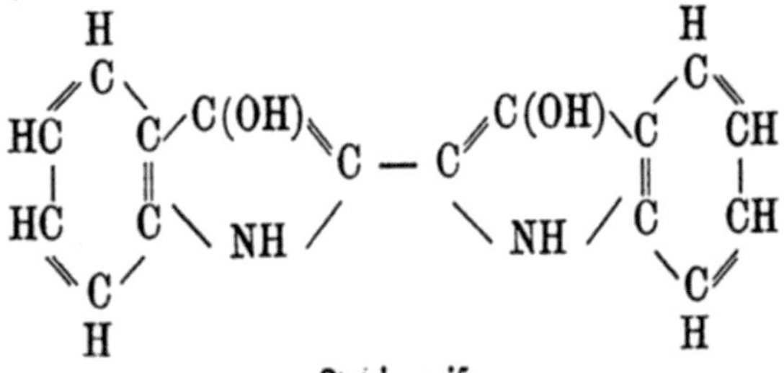

Indigweiß

Taucht man die zu färbenden Stoffe in die Küpe (Lösung) ein, so wird das Indigweiß von der Faser gebunden. Durch darauffolgende Oxydation an der Luft geht dann das Indigweiß in Indigo über.

Verwandt mit dem Indigo ist der Thioinbigo, der sich von ersterem durch Ersatz der Imidgruppe durch Schwefel ableitet. Thioinbigo wurde im Jahre 1905 von Professor Friebländer entdeckt.

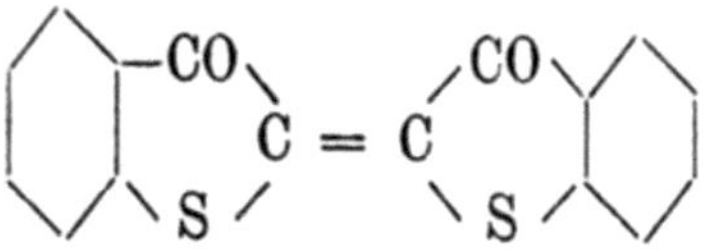

$$\text{(Struktur) } CO\!-\!C = C\!-\!CO,\ S$$

Thioinbigo

Thioinbigo ift ein roter Küpenfarbftoff.

Die Halogenberivate des Indigo werden ebenfalls zum Färben benützt. Nach den intereffanten Unterfuchungen P. Friebländers ift der antike Purpur, der Farbftoff der Purpurfchnecke, ein Bromberivat des Indigo, nämlich Dibrominbigo.

$$\text{(Struktur) } CO\!-\!C = C\!-\!CO,\ NH,\ Br$$

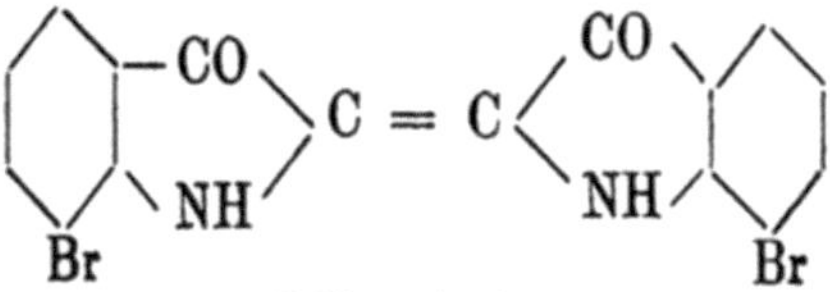

Dibrominbigo

Kondenfierte Benzolringe.

Unter kondenfierten Benzolringen verfteht man Kohlenwafferftoffe mit zwei oder mehreren Benzolringen, welche einige Kohlenftoffatome gemeinfam haben. Die hieher gehörigen Verbindungen find im Gegenfatz zum Benzol fefte, kriftallifierte Körper. Die wichtigften von ihnen find:

$$\text{(Struktur) } \begin{array}{c} H\quad H \\ C\quad C \\ HC\quad C\quad CH \\ HC\quad C\quad CH \\ C\quad C \\ H\quad H \end{array}$$

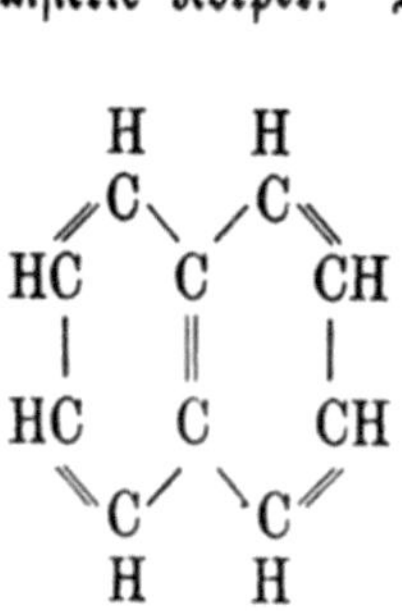

Naphtalin (Naphtalinum)

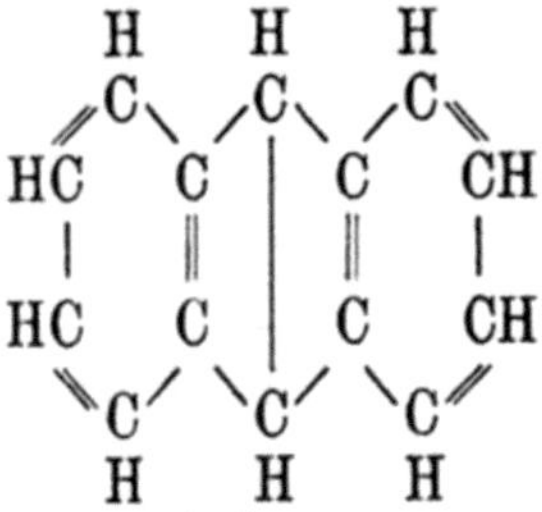

Anthracen

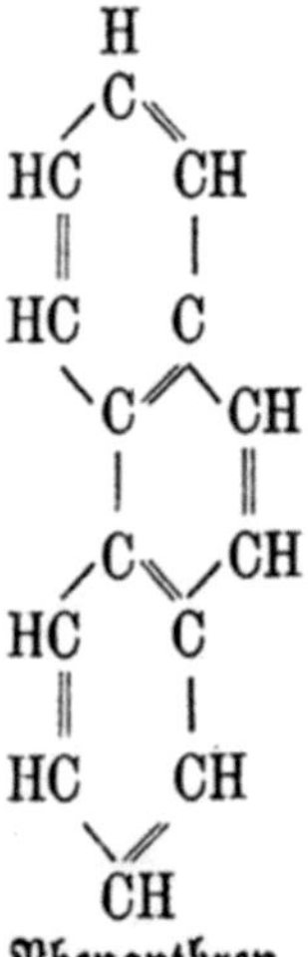

Phenanthren

I. Naphtalin und Derivate.

Naphtalin, $C_{10}H_8$, ist in reichlicher Menge im Stein=
kohlenteer enthalten, aus welchem es auch gewonnen wird.
Es bildet weiße, blättrige Kristalle vom Schmelzpunkt 80°
und besitzt einen charakteristischen Geruch. Es ist unlöslich
in Wasser, leicht löslich in heißem Alkohol, und verbrennt
mit leuchtender und rußender Flamme. Es findet in der
Farbstoffchemie ausgedehnte Verwendung und wird in der
Medizin und Tierheilkunde benützt.

Lösungen von Naphtalin in organischen Solventien eignen sich als Mittel gegen Motten. Bei seinen Substitutionsprodukten sind zahlreiche Isomere möglich. Um sie exakt zu unterscheiden, ist man übereingekommen, die Kohlenstoffatome in folgender Weise zu numerieren

und bei der Nomenklatur die Stellen, an welchen die einzelnen Substituenten sich befinden, mit Ziffern zu bezeichnen. Bei den Monosubstitutionsprodukten (bei denen nur 2 Isomere möglich sind), spricht man jedoch von α- und β-Derivaten. So unterscheidet man zwei Nitronaphtaline,

α-Nitronaphtalin   β-Nitronaphtalin

Die beiden Nitronaphtaline sind kristallisierte, gelbe Verbindungen, welche bei der Einwirkung starker Salpetersäure auf Naphtalin entstehen. Ihre Reduktion führt zu den beiden Amidonaphtalinen, dem α-Naphtylamin und β-Naphtylamin.

α-Naphtylamin   β-Naphtylamin

Beim Erhitzen von Naphtalin mit konzentrierter Schwefel=
säure entsteht die α- und die β-Naphtalinsulfosäure, welche
deshalb von Wichtigkeit sind, weil sie bei der Kalischmelze
in die Naphtole übergehen, Verbindungen, welche dem
Phenol sehr nahe verwandt sind.

α-Naphtol 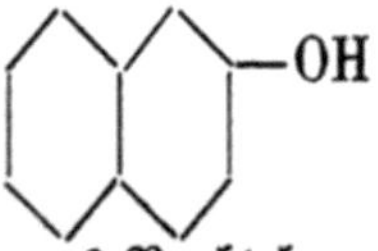   β-Naphtol

β-Naphtol wird medizinisch verwendet. Es bildet farb=
lose, glänzende Kristallblättchen.

Der Benzoësäure entsprechen zwei Carbonsäuren, die
α-Naphtoësäure und β-Naphtoësäure. Nicht zu
verwechseln damit ist die Naphtionsäure, eine 1, 4=
Naphtylaminsulfosäure

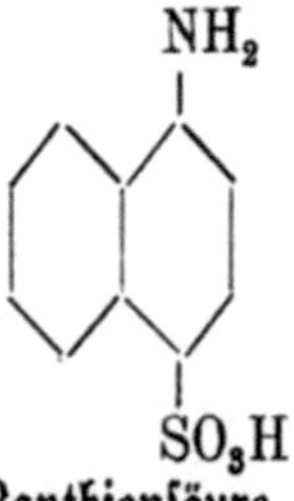

Naphtionsäure

Sie spielt eine Rolle bei der Darstellung von Kongo=
rot, welches eine sehr lebhafte, aber nicht besonders be=
ständige Farbe ist. Die Naphtole und Naphtylamine sind
ebenfalls wichtige Verbindungen für die Farbstoffchemie.

II. Anthracen und Derivate.

Auch das Anthracen, $C_{14}H_{10}$, wird aus dem
Steinkohlenteer gewonnen. Es ist ein kristallisierter, farb=
loser Kohlenwasserstoff, welcher deshalb besondere Bedeu=

tung hat, weil er die Muttersubstanz des Alizarins, eines wichtigen Farbstoffes, ist.

Alizarin ist eine Verbindung folgender Konstitution:

$$
\begin{array}{ccc}
 & & H \\
H & O & O \\
C & C & C \\
HC & C & C & COH \\
HC & C & C & CH \\
C & C & C \\
H & O & H
\end{array}
$$

Es ist enthalten in der Krappwurzel, wird aber fast ausschließlich künstlich hergestellt. Man oxydiert Anthracen mittels Chromsäure, wobei das sog.

Antrachinon $\quad \underset{CO}{\overset{CO}{\bigcirc\!\!\bigcirc}} \quad$ entsteht.

Das Antrachinon wird mittels konzentrierter Schwefel= säure sulfuriert, wobei die

Antrachinon=
sulfofäure $\quad \underset{CO}{\overset{CO}{\bigcirc\!\!\bigcirc}}\!-\!SO_3H \quad$ entsteht.

Diese Sulfosäure wird mit Ätzkali unter Zusatz von etwas Kaliumchlorat verschmolzen. Dabei wird die Sulfo= gruppe durch eine Hydroxylgruppe ersetzt. Gleichzeitig tritt aber durch die oxydierende Wirkung des Kaliumchlorates noch eine zweite Hydroxylgruppe ein.

$\underset{CO}{\overset{CO}{\bigcirc\!\!\bigcirc}}\!-\!SO_3H \;\rightarrow\; \underset{CO}{\overset{CO}{\bigcirc\!\!\bigcirc}}\!\!\overset{OH}{\underset{}{}}\!-\!OH$

Anthranilsulfosäure   Alizarin

Alizarin kristallisiert in schönen roten Kristallen, die sich in verdünnten Alkalien mit violetter Farbe lösen. Es bildet mit verschiedenen Metalloxyden intensiv gefärbte Verbindungen (sog. „Farblacke"). Davon wird in der Färberei Gebrauch gemacht, indem man zuerst auf den Geweben die betreffenden Metalloxyde (z. B. Aluminium=, Chrom=, Eisen= und Zinnoxyd) niederschlägt (die Gewebe „beizt") und dann erst Alizarin darauf einwirken läßt. Mit Aluminiumoxyd entstehen rote, mit Chromoxyd braune, mit Ferrioxyd violette Lacke. Der Krappbau hat in den meisten Gegenden, in welchen er früher in der ausge= dehntesten Weise betrieben wurde, fast gänzlich aufgehört, da das künstliche Alizarin zu viel billigerem Preise ge= liefert wird. In Frankreich war seinerzeit der Krappbau von großer wirtschaftlicher Bedeutung, weil die roten Hosen der französischen Soldaten mit Alizarin gefärbt wurden.

III. Phenanthren und Derivate.

Das Ausgangsmaterial für die technische Gewinnung von Phenanthren, $C_{14}H_{10}$, ist der Steinkohlenteer. Phenanthren ist ein farbloser, in Blättchen kristallisierender Kohlenwasserstoff. Von seinen Derivaten ist als wichtigstes das dem Anthrachinon entsprechende Phenanthrenchinon,

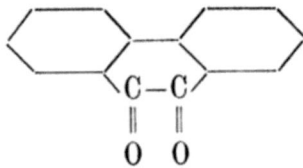

zu erwähnen, welches durch Oxydation von Phenanthren mittels Chromsäure entsteht. Es ist ein gelber, kristalli= sierter Körper.

Reten, im Nadelholzteer enthalten, ist dem Phe= nanthren homolog.

Heterocyklische Verbindungen.

Der Benzolkern enthält nur Kohlenstoffatome als Glieder des Ringes. Man nennt ihn deshalb eine homo= cyklische oder carbocyklische Verbindung. Enthält ein Ring außer Kohlenstoff noch andere Elemente, so wird er heterocyklisch genannt.

I. Fünfgliedrige heterocyklische Ringe.

Die wichtigsten sind:

$$
\begin{array}{cccc}
\text{HC—CH} & \text{HC—CH} & \text{HC—CH} & \text{HC—CH} \\
\| \quad \| & \| \quad \| & \| \quad \| & \| \quad \| \\
\text{HC} \quad \text{CH} & \text{HC} \quad \text{CH} & \text{HC} \quad \text{CH} & \text{N} \quad \text{CH} \\
\diagdown \text{O} \diagup & \diagdown \text{S} \diagup & \diagdown \text{NH} \diagup & \diagdown \text{NH} \diagup \\
\text{Furan} & \text{Thiophen} & \text{Pyrrol} & \text{Pyrazol}
\end{array}
$$

Furan, C_4H_4O, ist im Fichtenholzteer enthalten. Es bildet eine eigentümlich riechende Flüssigkeit. Das wichtige Derivat des Furans ist das

$$
\text{Furfurol,} \quad
\begin{array}{c}
\text{HC—CH} \\
\| \quad \| \\
\text{HC} \quad \text{C—C} \diagup \substack{=O \\ \diagdown H'} \\
\diagdown \text{O} \diagup
\end{array}
$$

ein Aldehyd, der in seinem Verhalten dem Benzaldehyd sehr gleicht. Er wird erhalten bei der Destillation von Kleie mit verdünnter Schwefelsäure. Farblose, ölartige Flüssigkeit.

Thiophen, C_4H_4S, kommt im Steinkohlenteer vor. Besitzt in Bezug auf Aussehen, Geruch und Siedepunkt große Ähnlichkeit mit dem Benzol.

Rohbenzol enthält immer Thiophen. Seine Gegenwart läßt sich nachweisen durch Vermischen des Benzols mit konzentrierter Schwefelsäure und Zusatz von ein wenig

Isatin. Bei Gegenwart von Thiophen entsteht eine tief=
blaue Färbung („Indopheninreaktion").

Pyrrol, C_4H_5N, kommt hauptsächlich im Knochenteer
vor. Es ist eine farblose Flüssigkeit, welche sich an der
Luft rasch braun färbt. Ein mit Salzsäure befeuchteter
Fichtenspan wird von Pyrrol kirschrot gefärbt (Reaktion
auf Pyrrol). Mit Säuren liefert Pyrrol Salze. Merk=
würdigerweise besitzt es gleichzeitig sauren Charakter, in=
dem der an den Stickstoff gebundene Wasserstoff durch
Kalium vertretbar ist:

$$
\begin{array}{c}
HC - CH \\
\parallel \quad\quad \parallel \\
HC \quad\quad CH \\
\diagdown N \diagup \\
K
\end{array}
$$

Pyrrolkalium

Läßt man Halogenalkyle auf Pyrrolkalium einwirken, so
erhält man substituierte Pyrrole.

Durch Ersatz der vier Wasserstoffatome der CH=Gruppe
durch Jod im Pyrrol entsteht das Tetrajodpyrrol („Jo=
dol"), ein Antiseptikum.

Das Indol (s. S. 115) ist ein kondensiertes System
von je einem Benzol= und Pyrrolkern.

Pyrazol, $C_3H_4N_2$, läßt sich aus Acetylen und Diazo=
methan erhalten:

$$
\begin{array}{ccc}
HC & CH_2 & HC-CH \\
\vertiii{} \;\; + & \diagup\diagdown & = \quad \parallel \quad \parallel \\
HC & N=N & HC \quad N \\
& & \diagdown\diagup \\
& & NH
\end{array}
$$

Acetylen   Diazo=   Pyrazol
            methan

Pyrazol bildet einen kristallisierten Körper von schwach
basischem Charakter. Bei der Reduktion entsteht ein Dehydro=
produkt, das Pyrazolin:

$$\begin{array}{c} H_2C\!-\!CH \\ |\qquad \| \\ H_2C\quad N \\ \diagdown\diagup \\ NH \end{array}$$

Eine Retonverbindung hievon wird als Pyrazolon be=
zeichnet:

$$\begin{array}{c} H_2C\!-\!CH \\ |\qquad \| \\ OC\quad N \\ \diagdown\diagup \\ NH \end{array}$$

Das Antipyrin ist ein Dimethylphenylpyrazolon. Es
wird erhalten durch Einwirkung von Phenylhydrazin auf
Acetessigester:

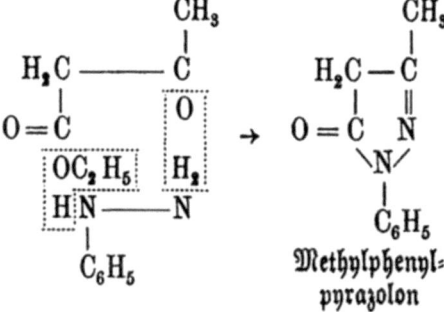

Methylphenyl=
pyrazolon

Durch darauffolgendes Methylieren entsteht (unter
Wanderung der Doppelbildung) das Dimethylphenylpyra=
zolon = Antipyrin.

$$\begin{array}{c} CH_3 \\ | \\ HC=C \\ |\qquad | \\ O=C\quad NCH_3 \\ \diagdown N\diagup \\ | \\ C_6H_5 \end{array}$$

Weißes, kristallinisches, in Wasser und Alkohol leicht lösliches Pulver. Schmelzpunkt 113⁰.

II. Sechsgliedrige heterocyllische Ringe.

Bei weitem die wichtigste Verbindung dieser Klasse ist das Pyridin

$$
\begin{array}{ccc}
 & CH & \\
HC & & CH \\
\| & & | \\
HC & & CH \\
 & N & \\
\end{array}
$$

Pyridin

Es ist im Steinkohlenteer und besonders im Knochenteer enthalten und stellt eine farblose, charakteristisch riechende Flüssigkeit dar, welche sich in allen Verhältnissen mit Wasser mischt. Es verhält sich wie eine tertiäre Base und liefert mit Säuren Salze. Durch Reduktion läßt sich das Pyridin in Piperidin (Hexahydropyridin) überführen.

$$
\begin{array}{ccc}
 & CH_2 & \\
H_2C & & CH_2 \\
| & & | \\
H_2C & & CH_2 \\
 & NH & \\
\end{array}
$$

Piperidin

Als kondensiertes Ringsystem aus einem Benzolkern und einem Pyridinkern ist aufzufassen das Chinolin, eine tertiäre Base.

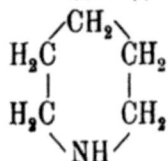

Chinolin

Es bildet eine eigentümlich riechende, farblose Flüssigkeit. Chinolin ist im Steinkohlenteer enthalten, aber schwer ganz rein daraus zu gewinnen. Es kann dargestellt werden nach der Synthese von Skraup durch Erhitzen von Anilin mit Glyzerin, Schwefelsäure und Nitrobenzol. Der Mechanismus der Reaktion ist folgender: durch die wasserentziehende Kraft der Schwefelsäure geht das Glyzerin in den ungesättigten Aldehyd, das Acroleïn, über.

$$CH_2 OH \cdot CHOH \cdot CH_2 OH$$
Glyzerin

$$= CH_2 = CH - C\langle^H_O + 2\ H_2O$$
Acroleïn

Das Acroleïn kondensiert sich mit Anilin zu einer Verbindung, dem Acroleïn=Anilin, welches durch das Nitrobenzol zum Chinolin oxydiert wird.

$$C_6H_5 NH_2 + CH_2 = CH - C\langle^O_H$$
Anilin   Acroleïn

$$C_6H_5 N = CH - CH = CH_2 + H_2O$$
Anilin—Acroleïn

Chinolin

Alkaloide.

Eine Reihe von zum Teil medizinisch wichtigen Stoffen, welche wir unter dem Namen Alkaloide zusammenfassen, kann man als komplizierte Derivate des

Pyridins bzw. Chinolins auffassen. Sie finden sich in verschiedenen Pflanzen, sind teils flüssig, teils fest und bilden
mit Säuren kristallisierende Salze. Zu den medizinisch
wichtigen Alkaloiden gehört vorzugsweise das Chinin,
welches sich in den Fieberrindenbäumen vorfindet. Es
kristallisiert in Nadeln, welche einen intensiv bitteren
Geschmack besitzen. Das schwefelsaure und salzsaure Chinin
findet am häufigsten Verwendung. Medizinisch wichtig
sind ferner das außerordentlich giftige Strychnin (das
Alkaloid der Brechnuß und Ignatiusbohne) und das in
den Kokablättern vorkommende Kokaïn. Am längsten findet
in der Heilkunde das Morphium Verwendung. Der Milchsaft der halbreifen Samenkapseln von Papaver somni-
ferum, das Opium, ist das Ausgangsmaterial zur Herstellung desselben. Das Hydrochlorid des Morphiums
bildet weiße, seidenglänzende, wasserlösliche Kristallnadeln.
Es wirkt schmerzstillend und einschläfernd, weshalb es den
Namen Morphium (von μορφεύς, Sohn des Schlafes)
erhielt.

Von den medizinisch nicht verwendeten Alkaloiden ist
das Coniin zu erwähnen, ein im Schierling (Conium
maculatum) vorkommender Stoff, eine farblose Flüssigkeit von betäubendem Geruch und sehr giftigen Eigenschaften. Ferner das Nikotin.

Nikotin findet sich im Tabak, der je nach der Sorte
2—8% davon enthält und zwar die feineren Tabake
(Havannatabake) nur an 2%, die französischen und
Pfälzertabake bis 8%. (Die Darstellung des Tabakes
aus den Tabaksblättern geschieht in der Weise, daß man
die Blätter nach dem Trocknen mit Salzwasser tränkt und
in Haufen einer Gärung unterwirft. Hierauf werden sie
mit einer Brühe behandelt, die aus Kochsalz, Ammon-
salzen und Salpeter besteht. Dies geschieht, um das
Verkohlen beim Rauchen zu verhindern und die Blume,

bie burch bie Gärung entsteht, zu erhöhen). Die Konstitution des Nikotins ist kompliziert; es enthält einen substituierten Pyridin= und Pyrrolkern.

Eiweißstoffe.

Die Eiweißkörper (Proteïnstoffe) gehören zu den wichtigsten Nahrungsstoffen. Alle enthalten Kohlenstoff, Wasserstoff, Sauerstoff, Stickstoff und Schwefel. Die prozentische Zusammensetzung variiert zwischen folgenden Zahlen:

$$C = 50—55\,\%,$$
$$H = 6{,}5—7{,}3\,\%,$$
$$N = 15—17{,}6\,\%,$$
$$O = 19—24\,\%,$$
$$S = 0{,}3—2{,}4\,\%.$$

Die Moleküle der natürlichen Eiweißarten sind groß, ihre Strukturformeln unbekannt.

Die Eiweißstoffe sind die Träger des organischen Lebens. Sie sind im Pflanzen= und Tierreich zu finden. Beim Verdauungsprozeß werden bie Eiweißstoffe zuerst in Peptone, komplizierte Gemische von Polypeptiden, übergeführt, die bei ihrem weiteren Zerfall Aminosäuren liefern. Wichtige Eiweißstoffe sind:

1. Die Albumine. Zu denselben gehört das Eieralbumin, Serumalbumin (Blutalbumin) und Laktalbumin (Milchalbumin). Das wichtigste hievon ist das Eieralbumin, der Hauptbestandteil des Hühnereiweißes. Es löst sich in Wasser unter 60°, besonders wenn das Wasser Alkalisalze enthält.

2. Die Globuline. Diese sind unlöslich in Wasser. (Unterschied von den Albuminen). Hiezu gehören das Serumglobulin (Blutkaseïn), Pflanzenglobulin und die Vitalline, welche sich unter anderem im Eidotter vorfinden.

Die Albumine und Globuline rechnet man zu den einfachen Eiweißkörpern, zum Unterschiede von den

Proteïden, welche als Verbindungen von Eiweiß mit irgend welchen anderen Stoffen anzusehen sind. So sind z. B. die Kaseïne Proteïde. Zu den Kaseïnen gehören das Milchkaseïn und das Pflanzenkaseïn (Legumin). Dieselben besitzen als Ausgangsmaterial für verschiedene Nahrungsmittel große Bedeutung. Käse und viele sog. Kraftnährmittel sind Kaseïnpräparate. Auch technisch wird Kaseïn vielfach verwendet.

Das Hämoglobin ist eine Verbindung von Eiweiß mit dem eisenhaltigen Farbstoff Hämatin. Es läßt sich durch Säuren oder Alkalien in Eiweiß und Hämatin spalten. Hämoglobin nimmt leicht Sauerstoff auf und wird zu Oxyhämoglobin. Mit Kohlenoxyd wird es zu Kohlenoxydhämoglobin.

Blut= und Pflanzenfibrin (Kleber) rechnet man zu den koagulierenden Eiweißstoffen. Das erstere scheidet sich aus dem Blute aus, sobald dieses mit der Luft in Berührung kommt; das letztere findet sich in den Getreidesamen. Es liegt unter der Hülle des Weizenkornes und läßt sich aus dem Weizenmehl isolieren.

Zu den Albuminoiden gehören endlich das Kollagen, die Grundsubstanz der Bindegewebe und der Knorpel. Beim Kochen desselben mit Wasser erhält man den Leim. Farbloser Leim heißt Gelatine.

Wichtig von den Albuminoiden ist ferner das Keratin (Hornstoff). Es ist der Hauptbestandteil der Nägel, Klauen, Hufe, Haare, Hörner 2c.

Die Eiweißkörper sind durch eine Anzahl charakteristischer Reaktionen ausgezeichnet. Insbesondere zeigen sie einige typische Farbenreaktionen. Durch das Millonsche Reagens werden sie rot gefärbt. In Kalilauge gelöst, werden sie auf Zusatz von etwas Kupfersulfatlösung rot bis rotviolett. Konzentrierte Salpetersäure färbt sie beim Erwärmen stark gelb (Xanthoproteïnreaktion).

Um Eiweiß im Harn, das bei krankhaften Störungen, aber auch bei gesunden Menschen auftreten kann, nachzuweisen, bedient man sich verschiedener Methoden, von denen die Kochprobe mit Salpetersäure und die Probe mit Essigsäure zu den einfachsten gehört.

Salpetersäureprobe.

Man erhitzt bei dieser Probe den Harn im Reagenzrohr zum Kochen und versetzt ihn hierauf, ohne einen etwa vorhandenen Niederschlag zu berücksichtigen, mit 5—6 Tropfen Salpetersäure. Bei Gegenwart von Eiweiß entsteht ein Niederschlag oder es löst sich ein schon vorhandener nicht mehr auf.

Essigsäureprobe.

In einem Reagenzrohr wird etwas Harn bis zum Sieden erhitzt. Eine dabei auftretende Trübung bleibt unbeachtet. Wird auf nunmehrigen Zusatz einiger Tropfen 10% Essigsäure der Urin klar, so ist Eiweiß nicht vorhanden. Bleibt aber die Trübung oder wird sie noch intensiver, dann ist Eiweiß vorhanden.

Zusammenstellung einiger Arzneimittel.

Sulfonal ist das Diäthylsulfon-Dimethylmethan:

$$\begin{matrix} CH_3 \\ CH_3 \end{matrix} > C < \begin{matrix} SO_2\,C_2\,H_5 \\ SO_2\,C_2\,H_5 \end{matrix}$$

Farb-, geruch- und geschmacklose Kristalle. Löslich in 500 Teilen Wasser, in 65 Teilen Weingeist. Zur Darstellung wird Aceton mit Merkaptan (geschwefelter Alkohol) zu Merkaptol kondensiert:

$$\begin{matrix} CH_3 \\ CH_3 \end{matrix} > C\overline{O + \begin{matrix} H \\ H \end{matrix}} \begin{matrix} S\,C_2\,H_5 \\ S\,C_2\,H_5 \end{matrix} = \begin{matrix} CH_3 \\ CH_3 \end{matrix} > C < \begin{matrix} S\,C_2\,H_5 \\ S\,C_2\,H_5 \end{matrix} + H_2O$$

Aceton   Äthylmerkaptan   Merkaptol

Das so gewonnene Merkaptol wird dann mit Kaliumpermanganat oxydiert.

$$\begin{matrix}CH_3\\CH_3\end{matrix}\Big> C \Big< \begin{matrix}S-C_2H_5\\S-C_2H_5\end{matrix} + \begin{matrix}O_2\\O_2\end{matrix} = \begin{matrix}CH_3\\CH_3\end{matrix}\Big> C \Big< \begin{matrix}SO_2\,C_2H_5\\SO_2\,C_2H_5\end{matrix}$$

Merkaptol　　　　　　　　　　Sulfonal

Trional ist Sulfonal, in welchem eine Methylgruppe durch eine Äthylgruppe ersetzt ist, Tetronal ein Sulfonal, in welchem die zwei Methylgruppen durch Äthylgruppen ersetzt sind. Beide bilden farblose Kristalle.

Veronal ist eine Diäthylbarbitursäure (Diäthylmalonylharnstoff):

$$CO \Big< \begin{matrix}NH-CO\\NH-CO\end{matrix}\Big> C \Big< \begin{matrix}C_2H_5\\C_2H_5\end{matrix}$$

Farblose Kristallblättchen, schwer löslich in Wasser. Die Methoden zur Darstellung sind mannigfach. Man kann z. B. die Diäthylmalonsäure bei Gegenwart von alkalischen Kondensationsmitteln mit Harnstoff unter Bildung von Veronal kondensieren:

$$\begin{matrix}C_2H_5\\C_2H_5\end{matrix}\Big> C \Big< \begin{matrix}COOH\\COOH\end{matrix} + \begin{matrix}H_2N\\H_2N\end{matrix}\Big> CO$$

Diäthylmalonsäure　　　　Harnstoff

$$= \begin{matrix}C_2H_5\\C_2H_5\end{matrix}\Big> C \Big< \begin{matrix}CO-NH\\CO-NH\end{matrix}\Big> CO + H_2O$$

Veronal

Medinal ist Veronalnatrium. Wasserlöslich.

Hypnon ist Acetophenon (s. S. 92).

$$C_6H_5 \cdot CO \cdot CH_3.$$

Antifebrin ist Acetanilid (s. S. 102), Fiebermittel. Aus Anilin und Eisessig darstellbar.

$$C_6H_5\,N \Big< \begin{matrix}H\\H\end{matrix} + \begin{matrix}O\\HO\end{matrix}\Big> C \cdot CH_3$$

Anilin　　　　　　Essigsäure

$$= C_6H_5N{<}^{H}_{CO \cdot CH_3} + H_2O$$

$$\text{Acetanilib} \qquad \text{Waffer}$$

Schwer in Waffer, leicht in Alkohol und Äther löslich; bei 113° schmelzende Blättchen.

Phenacetin ist p-Oryäthyl-Acetanilid. Fiebermittel.

$$C_6H_4{<}^{NH \cdot CO \cdot CH_3}_{OC_2H_5}$$

Phenacetin bildet weiße, glänzende Kristallblättchen.

Antipyrin ist Phenylbimethylpyrazolon (f. S. 125).

$$\begin{array}{c} HC = C-CH_3 \\ | \qquad | \\ OC{\diagdown}_N{\diagup}N-CH_3 \\ | \\ C_6H_5 \end{array}$$

Es bildet farblose Blättchen und ist eine starke Base.

Salol ist Salicylsäurephenylester:

$$C_6H_4{<}^{OH}_{COO\,C_6H_5}$$

Es ist ein weißes Pulver. In Waffer faft unlöslich. Antiseptikum. Es kann z. B. dargestellt werden durch Einwirkung von Phosgengas (Carbonylchlorid) auf ein molekulares Gemenge von Natriumsalicylat und Phenolnatrium:

$$C_6H_4{<}^{OH}_{COO\,Na} + C_6H_5ONa + COCl_2$$

$$= C_6H_4{<}^{OH}_{COO\,C_6H_5} + 2\,NaCl + CO_2$$

$$\text{Salol}$$

Salophen ist Acetyl-p-amidofalol. Antirheumatikum.

$$C_6H_4{<}^{OH}_{CO\,C_6HO_4NH\,COCH_3}$$

Geruchlofes, in Waffer schwer, in Alkohol leicht lösliches Pulver.

Aspirin ist Acetylsalicylsäure.

$$C_6 H_4 \begin{cases} O \cdot CO \cdot CH_3 \\ COOH \end{cases}$$

Weiße, geruchlose Kristallnäbelchen. Schwer in Wasser löslich. Antirheumatikum.

Zur Darstellung erhitzt man Salicylsäure mit Essigsäureanhybrid am Rückflußkühler 2 Stunden lang auf 150°.

$$C_6 H_4 \begin{cases} COOH \\ OH \end{cases}$$
$$C_6 H_4 \begin{cases} OH \\ COOH \end{cases} + O \begin{cases} CO - CH_3 \\ CO - CH_3 \end{cases}$$

$$= 2\, C_6 H_4 \begin{cases} OCOCH_3 \\ COOH \end{cases} + H_2O$$

Acetylsalicylsäure

An Stelle von Essigsäureanhybrid kann man auch Acetylchlorid verwenden.

Hexamethylentetramin = Urotropin ist ein harnsäurelösendes Mittel. Es entsteht bei der Einwirkung von Ammoniak auf wässerige Lösungen von Formaldehyd.

$$H \cdot C \begin{cases} O \\ H \end{cases} + 4\, NH_3 = N_4 (CH_2)_6 + 6\, H_2O$$

Weißes Kristallpulver, löslich in Wasser und Alkohol.

Dermatol ist basisches Wismutgallat. Es wird dargestellt aus Wismutnitrat. Dasselbe wird in Essigsäure gelöst, mit Wasser verdünnt und mit einer Lösung von Gallussäure versetzt. Der Verlauf der Reaktion kann durch folgendes Formelbild zum Ausdruck gebracht werden:

$$Bi (NO_3)_3 + 5\, H_2O + C_6 H_2 (OH)_2\, COOH$$
Wismutnitrat　　　　　　　Gallussäure

$$= 3\, H_2O + 3\, HNO_3 + C_6 H_2 (OH)_3\, COO\, Bi (OH)_2$$
　　　　　　　　　　　　　　　　　Dermatol

Zitrongelbes, in Wasser unlösliches Pulver.

Atophan ist 2-Phenylchinolin = 4-Karbonsäure.

$$CH \quad COOH$$
$$HC \diagup C \diagdown CH$$
$$HC \diagdown C \diagup C \cdot C_6H_5$$
$$CH \quad N$$

In Wasser unlösliches, kristallinisches Produkt. S. P. 208—209⁰.

Salvarsan ist das Chlorhydrat des Dioxydiamido-arsenobenzols. Antiluetikum.

$$\begin{array}{c} H \quad H \\ C - C \\ HO - C \qquad C - As = As - C \qquad C - OH \\ C = C \\ HCl \cdot NH_2 \ H \qquad\qquad\qquad H \quad NH_2 \cdot HCl \end{array}$$

Es bildet ein hellgelbes Pulver, welches sich mit stark saurer Reaktion in Wasser löst. Enthält etwa 34 % gebundenes Arsen.

Sachregister.